BEEF
PORK
CHICKEN

極品肉料理廚房

部位用途 × 備料處理 × 烹調技法
在家做出專業級美味

肉舖第4代傳人
教大家在家裡
做出極品肉料理的祕訣

我是一家肉舖的第4代傳人，目前負責經營這間創業80年的老店。

上門的顧客都異口同聲地要求「想買軟嫩的肉」，

雖然簡單來說是軟嫩的肉，但隨著煎、煮、蒸、炸等不同的烹調方式，

要做出軟嫩的肉料理，最適合的部位和切下的厚度也會有所不同。

不過，可能有很多人都不知道這一點。

舉例來說，各位在下廚的時候，是否會因為不知道要買什麼樣的肉

而拿不定主意，或是因為看似在家裡很難製作而打消念頭？

首先，了解肉的部位和特徵很重要。

即使好不容易買到了嫩肉，卻因加熱時出了差錯

導致成品乾柴，那就浪費這塊肉了。

沒有必要使用高級的肉。只需要多花一點工夫，

日常的肉料理就會變得格外美味。

此外，書中許多食譜也以影片的形式在YouTube上發表。

請享受講究聲音和影像所製成的影片獨一無二的演出。

我想，藉由搭配本書一起觀賞，可以獲得更深刻的理解。

我一而再，再而三地聽到顧客說：「煎肉時，不論怎麼處理肉都會變硬。」

作為一名肉舖的老闆，不是把肉賣出去就沒事了，

我希望顧客品嚐到極致的美味。

基於這個心願，這次我發表了祕傳的食譜，

並將獨特的烹調方式全都收錄在本書中。

如果各位能感受到下廚的樂趣和享用美食的喜悅，我會覺得很開心。

肉舖教大家做肉料理

CONTENTS

BEEF

PART1

肉舖教大家做肉料理

牛肉篇

PORK

PART2

肉舖教大家做肉料理

豬肉篇

本書的使用方法

・材料為適合該料理的分量。

・計量單位為1大匙＝15㎖，1小匙＝5㎖。

・「1撮」為1/6小匙，「少許」為未滿1/6小匙，「適量」為加入適當的分量，「適宜」表示依個人喜好有需要的話可以加入。

・蔬菜類如果沒有特別記載的話，從完成去皮等前置作業之後的步驟開始說明。

・火力如果沒有特別記載的話，請以中火烹調。

・可以保存的期間僅供參考。依照季節或保存狀態，可以保存的期間會有所出入，所以請盡早食用。

做出極品肉料理的調味料

想要充分呈現肉的美味
使用簡單的調味料就OK

為了做出極度美味的肉料理，各位是否覺得也得非常講究調味料呢？我認為使用在附近的超市或便利商店購買的商品就夠了。為什麼呢？因為即使快用完了，也能立刻買到。重要的是，調味時要能充分呈現肉的美味。舉例來說，如果是脂肪很多的霜降牛肉，簡單地使用鹽或醬油，就能製作出清爽不膩的味道；如果是豬肉的話，為了也能品嚐到美味的肥肉，可以使用砂糖和麵味露調出鹹甜的醬汁來烹煮，像這樣只需使用手邊現有的調味料，就足以做出美味的肉料理。

遇上自己喜歡的調味料時
料理也會變得更有趣

漸漸學會使用手邊現有的調味料製作出美味的肉料理之後，很快地就會變得越來越樂在其中。接下來，因為也會進一步對各式各樣的調味料和香料等產生興趣，所以如果在這個過程中遇到了喜歡的品項，不妨將其納入自己偏愛的調味料列表中。我認為，像是天然鹽、萬用香料、橄欖油等，一旦找到自己喜歡的品項，料理就會變得更有趣。此外，我還要推薦調味料BOX。有了它，不但能將廚房的瑣碎物品收納整齊，而且由於可以隨身攜帶，在戶外烹調時也很方便。

可以攜帶至戶外等處，使用方便的調味料BOX。用來收納經常容易顯得零亂的基本調味料、香料等。照片中是tent-Mark DESIGNS×NATURE WORKS的工作者提盒。

常備的調味料

ⓐ 本味醂

請選擇味道和營養都出類拔萃的本味醂。想要更講究一點的人，可以嘗試使用原料中寫有「燒酎」的產品。

ⓔ 萬用香料

若難以決定品牌，請嘗試這個（ほりにし）。味道和香氣俱佳，用途也很廣泛，適合搭配任何肉類。還可消除肉腥味。

ⓘ 芝麻油

選擇芝麻香氣濃郁鮮明的純正油品。如果想將風味發揮到極致，建議避免加熱使用。

ⓑ 醬油

高湯醬油（越のむらさき）的美味程度，據說只要用過一次，就不想再以其他醬油取代。薄口醬油，推薦使用白王。

ⓕ 中濃醬汁

長久以來深受大眾喜愛的中濃醬汁（Bull-Dog）。特徵是甜味濃郁、質地黏稠。如果也備有伍斯特醬的話就會很方便。

ⓙ 純橄欖油

煎烤或加熱肉類的油，我使用Pure & Mild（BOSCO）。最好選擇風味較清淡，適用於所有用途的產品。

ⓒ 麵味露（3倍濃縮型）

使用有柴魚高湯風味的麵味露（にんべん）。甜度均衡，僅此味道就是影響美味的關鍵，適用於所有的肉料理。

ⓖ 三溫糖

將上白糖煮到水分收乾，使之焦糖化所製成。味道濃醇，帶有芳香的風味，主要用於煮物以及想要呈現光澤的料理。

ⓚ 特級冷壓初榨橄欖油

帶有水果香氣，可以飲用的橄欖油（Cobram Estate）。拿來加熱的話就太浪費了，所以用於料理最後的潤飾。

ⓓ 酸橘醋醬油

使用「ミツカン」做出味道清爽的肉料理。不僅可以淋在料理上，也適合拌炒或是收乾湯汁後作為照燒的佐料。

ⓗ 天然鹽

含有豐富礦物質、味道圓潤的義大利產海鹽（MOTHIA 細粒型）。包裝很可愛，擺放在廚房裡格外好看。

味噌

在本書中，所有標記為味噌的東西，全部都是使用白味噌。其中信州味噌不會太甜，非常適合搭配肉類。主要原料米麴可使肉的鮮味更加明顯。

黑胡椒

使用整顆胡椒粒。如果使用以胡椒研磨器現磨的胡椒，就可以享受到清新的香氣。

烹調器具和火力的使用說明

烹調器具不僅要講求美觀 對於機能也要十分講究

為了做出極度美味的肉料理，必須慎選烹調器具。話雖如此，我通常都會選擇可以長久使用的產品。舉例來說，鐵製平底鍋雖然保養程序繁瑣，卻是可以耐用一輩子的鍋具，而且隨著時光流逝，還能享受鍋具產生的變化，因此我仍推薦大家使用。此外最重要的是，它可以把肉煎烤得很美味。至於砧板，我偏好木製品，它在切食材的時候會發出悅耳的聲音，而且越用越好用。我喜歡使用戶外品牌的器具，因為方便實用且設計出眾。為了拍攝 YouTube 的影片，我也挑選了許多外觀搶眼的烹調器具。

ⓐ 卡式瓦斯爐

可以精巧收納的桌上型瓦斯爐（snow peak）。使用高火力，製作炒飯也沒問題。外觀和功能皆十分出色。

ⓒ 琺瑯鑄鐵鍋

可用於無水烹煮，即使不添加額外的調味料也能夠做出味道濃厚的料理（STAUB）。容易保養，所以使用方便。

ⓔ 料理夾

易於夾取，彈性佳的料理夾（snow peak）。除了煎烤牛排之外，也經常用於細膩的調理和擺盤。

ⓖ 砧板

使用天然的芒果木製成，越常使用，質感越好（PUEBCO）。切好牛排和蔬菜之後連同砧板直接端上桌也OK。

ⓑ 平底鐵鍋

導熱性和保溫性皆佳，由鐵塊鍛造而成，沒有接縫的平底鍋（turk）。我常使用的是26cm和20cm的產品。

ⓓ 矽膠調理匙

具有耐熱性，也不用擔心染色，所以拌炒、舀取、盛盤單靠這一支調理匙就能全部搞定（無印良品）。

ⓕ 廚刀

刀刃長度17cm的三德刀（藤次郎），是可用於肉類、魚類、蔬菜的萬能廚刀。如果還備有小刀的話會很方便。

[火力的使用說明]

何謂小火？

火焰不會碰觸到鍋底的狀態。用於要花一段時間燉煮食物，或是加熱容易燒焦的食材時。

若是IH爐 100～300W
（火力參考標準：1～3段左右）

何謂中火？

火焰的尖端剛剛好碰觸到鍋底的狀態。這個溫度的用途廣泛，可用於煎肉、炒肉等。

若是IH爐 500～1000W
（火力參考標準：4～6段左右）

何謂大火？

火勢猛烈，碰觸到鍋底，分布在整個鍋底的狀態。用於想要將食材煎烤上色，鎖住鮮味，或是將熱水煮沸的時候。

若是IH爐 1500～2000W
（火力參考標準：7～10段左右）

[油的溫度]

150～160℃ 低溫

用於油炸較厚的肉和根莖類蔬菜等需要長時間才能炸熟的食材。這個溫度不易炸焦，可以將裡面炸熟，反過來說，食材的水分不易蒸發，所以無法炸得酥脆。主要用於要炸兩次時，第一次的溫度。

170～180℃ 中溫

這個溫度在將食材裡面炸熟的同時，還能炸出漂亮的金黃色。大多數的油炸食物都是以這個溫度烹調。

190～200℃ 高溫

用於含有大量水分的食材，或是裡面不需要完全炸熟的料理。短時間內就能炸得酥脆，反過來說，有時可能在食材的中心尚未受熱之前就已經炸焦了，所以不適合炸較厚的肉。適用於茄子、海鮮和內餡已經有加熱過的可樂餅等。

我愛用的烹調器具

肉舖教大家做肉料理
牛肉篇

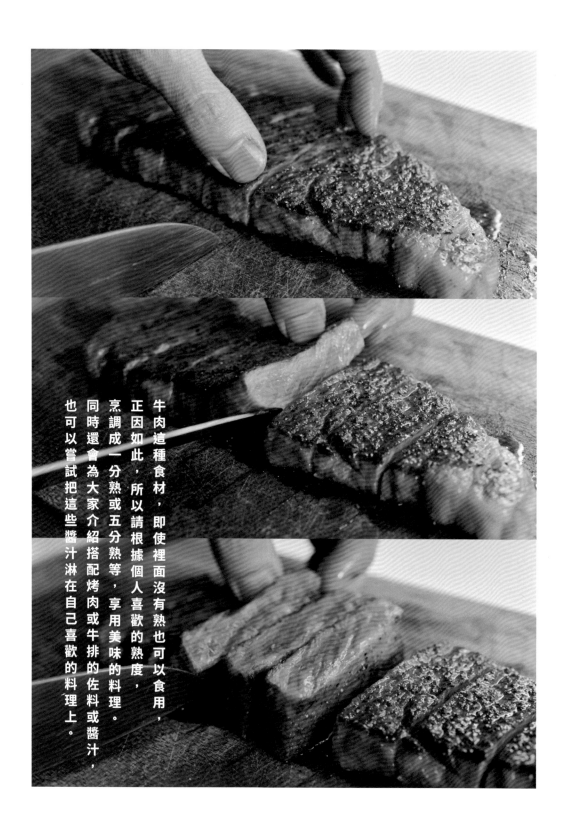

牛肉這種食材，即使裡面沒有熟也可以食用，
正因如此，所以請根據個人喜歡的熟度，
烹調成一分熟或五分熟等，享用美味的料理。
同時還會為大家介紹搭配烤肉或牛排的佐料或醬汁，
也可以嘗試把這些醬汁淋在自己喜歡的料理上。

肉舖教大家

本書中使用的 牛肉 部位和特徵

PART OF MEAT | 和牛沙朗

具有適度的脂肪，肉質軟嫩且帶有風味，所以被視為高級部位。因為分切時切成一樣的大小，所以建議製成牛排享用。

PART OF MEAT | 進口牛臀肉蓋牛排肉

位於外側後腿肉的上側，具有適度脂肪的部位。肉質軟嫩且具有風味，所以做成牛排或烤肉品嚐的話，可以享受到肉的美味。

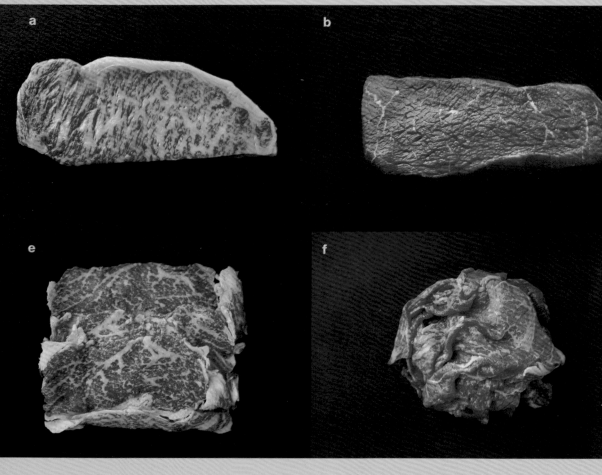

PART OF MEAT | 和牛肋眼肉

這是最厚的部位，肉質細緻軟嫩。風味濃厚，帶有甜味。切成薄薄的肉片做成壽喜燒或涮涮鍋，可以感受到更濃的甜味。

PART OF MEAT | 牛邊角肉

將肩部或腿部以一定的厚度切下來的部分。切成相同厚度之後，可以享用瘦肉，所以適合用於烤肉和牛肉蓋飯等以肉類為主的料理。

因為比豬肉或雞肉昂貴，所以在了解各個部位及其特徵之後，
請用心調理，將該部位的優點發揮得淋漓盡致吧。

c

PART OF
MEAT | **和牛內腿肉**

位於後腿的根部，雖然肉質結實，不過以瘦肉來
說，是較為柔軟的部位。建議做成可以品嚐到瘦
肉鮮味的烤牛肉，切成薄片之後享用。

d

PART OF
MEAT | **和牛腱肉**

位於小腿肚附近，因為運動量很大，所以筋量豐
富，是一個非常結實的部位。做成燉煮之類的料
理後，就會變得柔軟多汁。

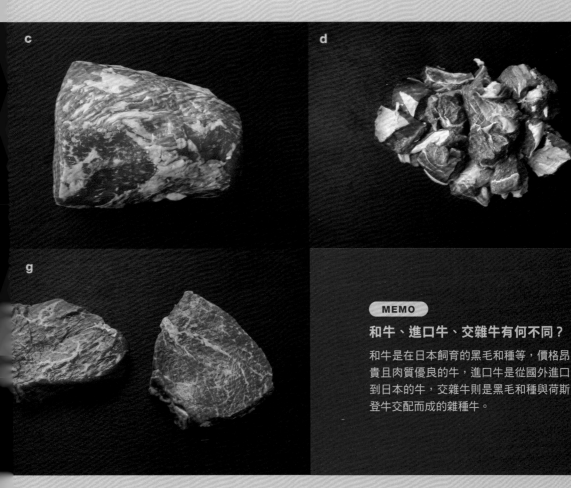

MEMO

和牛、進口牛、交雜牛有何不同？

和牛是在日本飼育的黑毛和種等，價格昂
貴且肉質優良的牛，進口牛是從國外進口
到日本的牛，交雜牛則是黑毛和種與荷斯
登牛交配而成的雜種牛。

g

PART OF
MEAT | **交雜牛腰內肉**

位於背骨的內側，此部位脂肪含量少。肉質細緻
柔嫩，風味亦佳，做成牛排和炸牛排等料理，就
可以保持柔嫩的狀態享用。

[和牛沙朗]

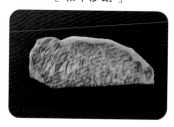

入口之後瞬間即化

和牛沙朗牛排

沙朗這個部位油脂豐富且口感柔嫩。
請依個人喜好的熟度烹調，享用入口即化的和牛。

材料　2人份

和牛沙朗牛排肉…200g

鹽、胡椒…各適量

A｜大蒜…1瓣
　　→切成薄片
　　迷迭香…1枝

橄欖油…1大匙

B｜綠蘆筍…適量
　　→事先汆燙
　　馬鈴薯…適量
　　→事先汆燙，切成容易入口的大小

作法

1

牛肉回復成常溫，在兩面撒上鹽、胡椒，預先調味。

Point
在烹調前的30分鐘從冷藏室取出，回復常溫備用，如此一來，肉的內側和外側就不會有溫差，比較容易均勻受熱。

2

將橄欖油、A放入平底鍋中，以中火加熱。

Point
讓大蒜和迷迭香散發出香氣。在燒焦之前取出。

3

放入牛肉，煎單面。一分熟加熱1分鐘左右，五分熟加熱1分30秒左右，直到煎上色（以厚2cm的牛肉為例）。

Point
煎熟的速度比想像中來得快，所以要根據側面的顏色確認。

4

翻面之後以小火加熱，另一面也要煎。一分熟加熱1分鐘左右，五分熟加熱2分鐘左右（以厚2cm的牛肉為例）。

Point
為了避免牛肉的肉汁流失，訣竅在於煎的時候不要去挪動肉塊。

5

取出牛肉，然後將B放入同一個平底鍋中，煎至上色。

Point
牛肉的靜置時間只需要比照煎肉的時間，就能使肉汁穩定並鎖住鮮味。

POINT

為了避免煎過頭，煎的時候要一邊確認牛排側面的狀況。請掌握自己喜歡的熟度。

一分熟

在牛肉側面還有一半左右呈鮮紅狀態時取出是一分熟。

五分熟

在牛肉側面整體上色時取出是五分熟。

搭配牛排的 佐料・醬汁配方

SAUCE #01

自製烤肉佐料

自製的佐料可以保存起來，
建議大家多做一些備用。

（**材料**） 約350㎖／7～8次份

A | 酒…50㎖
　　| 砂糖…1大匙
B | 蘋果泥（洋蔥泥亦可）
　　| 　　…1/2個份
　　| 醬油…250㎖
　　| 蒜泥、薑泥、蜂蜜
　　| 　　…各1大匙
C | 芝麻油…1大匙
　　| 炒白芝麻…適量

（**作法**）

1 將 **A** 放入鍋中開小火加熱，待砂糖煮溶之後加入 **B**。沸騰之後煮10分鐘左右。

2 關火，加入 **C** 攪拌。放涼之後倒入保存容器中，放入冷藏室保存（冷藏保存：2週）。

POINT

- 醬油一旦煮焦會出現苦味，要維持以小火加熱。

- 芝麻油一旦過度加熱，香氣和營養會散失，所以要在關火之後才加入鍋中。

- 試嚐味道時，要使用乾淨的湯匙。

SAUCE #02

山葵醬油佐料

充滿山葵風味的佐料，
除了烤肉和牛排，也可以淋在炸肉排上。

（**材料**） 1次份

醬油、紅酒…各2大匙
味醂…1大匙
山葵泥…1小匙

（**作法**）

1 將全部材料放入煎過肉（或尚未使用）的平底鍋中，開小火加熱，沸騰之後加熱1分鐘左右，直到酒精蒸發。

POINT

- 山葵醬油一旦加熱過度會風味盡失，所以加熱至味醂的酒精蒸發即可。

- 山葵泥如果使用剛磨成泥的新鮮山葵，氣味會更加濃郁。

在此為大家介紹適合搭配烤肉或牛排的自製佐料及醬汁。
雖然也可以直接製作，但是使用煎過肉的平底鍋來做的話，味道會更濃醇。

 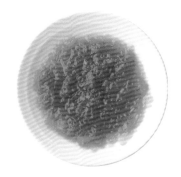 

SAUCE #03

蘿蔔泥酸橘醋佐料

酸橘醋醬油和酸橘的酸味
與牛排非常對味。

（**材料**）1次份

酸橘…1個
　→切出3片圓形切片，其餘部分榨汁

A　蘿蔔泥…3～4cm份
　　酸橘醋醬油…3大匙
　　七味唐辛子…適量

（**作法**）

1　將酸橘的果汁、**A**放入缽盆
　　中混合攪拌。淋在喜歡的牛
　　排上，再放上酸橘切片。

POINT

• 蘿蔔泥要徹底擠乾水分，成品才不會
　淡然無味。

• 酸橘醋醬油的分量可依照個人喜好加
　入，調整味道。

SAUCE #04

夏里亞賓醬汁

淋在進口牛製成的牛排上，
立刻變身為充滿高級感的牛排。

（**材料**）1次份

洋蔥泥、蘋果泥…各1/2個份
醋、醬油、酒…各2大匙
砂糖…1大匙

（**作法**）

1　將全部材料放入煎過肉（或
　　尚未使用）的平底鍋中，開
　　小火加熱，煮10分鐘左右。

POINT

• 要將洋蔥泥和蘋果泥的水分充分煮到
　蒸發。

SAUCE #05

巴薩米克醋醬汁

味道香醇的濃厚醬汁，
請淋在烤牛肉上享用。

（**材料**）1次份

洋蔥泥…1/2個份
醬油…4大匙
水…3大匙
紅酒…2大匙
巴薩米克醋…1大匙
砂糖…1/2大匙
奶油…10g

（**作法**）

1　將奶油放入煎過肉（或尚未
　　使用）的平底鍋中加熱融化
　　後，將其餘材料全部放入鍋
　　中，以小火煮10分鐘左右。

POINT

• 儘管為了讓紅酒中的酒精蒸發，需要
　將醬汁煮沸，但是一旦煮焦就會出現
　苦味，所以要保持以小火加熱。

• 煮到洋蔥泥和紅酒的水分蒸發為止。

[進口牛臀肉蓋牛排肉]

超便宜的肉變身為柔嫩的高級肉

進口牛牛排

只需事先處理和花點工夫就能迅速變身為高級肉。
請在家裡享用和高級餐廳一樣的味道。

材料 2人份

進口牛臀肉蓋牛排肉…250g

鹽、胡椒…各適量

大蒜…1瓣
　→切成薄片

夏里亞賓醬汁（參照P17）…全量

牛脂…1個

義大利香芹…適量

POINT

- 如果買得到的話，用和牛的牛脂製作，
  風味將更出色，不會有便宜肉的感覺。

作法

在烹調的30分鐘前將牛肉從冷藏室取出，回復至常溫。以廚房紙巾擦乾水分。

Point

解凍或放置一陣子之後滲出的水分是造成腥味的原因，所以一定要擦拭乾淨。

以1cm的間隔劃入刀痕，切斷牛肉的筋。

Point

可以避免牛肉在煎的時候收縮捲曲。

在牛肉的兩面撒上鹽、胡椒，事先調味。

Point

步驟2、3在即將煎肉之前進行，可以鎖住肉汁和鮮味。

將牛脂放入平底鍋中，以中火加熱融化到一定程度之後取出。放入大蒜、牛肉，待大蒜變成金黃色時取出，牛肉單面煎1分30秒左右。翻面後轉為小火，煎1分30秒左右。

以鋁箔紙包起來，靜置3分鐘，利用餘熱繼續加熱。切成薄片之後盛盤，淋上醬汁，添附**4**的大蒜、義大利香芹。

Point

靜置時間與煎肉時間大約相同。以煎肉時間、餘熱時間各占一半的方式加熱。

ARRANGE
MENU

肉舖直授！吃了會上癮

搭配牛排的 蒜香炒飯

添加大蒜，帶來刺激味蕾的滋味。
搭配牛排，美味無與倫比。

材料 1人份

進口牛牛排（參照P19）…100g

大蒜…3瓣

　→切成碎末

米飯…飯碗1碗份

A 粗磨黑胡椒…適量

　　奶油…10g

　　醬油…2小匙

　　鮮味調味料…1小匙

橄欖油…1大匙

香酥蒜片…適宜

義大利香芹…適宜

　→切成粗末

粗磨黑胡椒…適量

作法

1　將橄欖油倒入平底鍋中，放入大蒜，以小火加熱。

2　待大蒜變色之後加入米飯，轉為中火，一邊撥散飯粒一邊吸收油分拌炒。

3　加入 **A**，拌炒均勻。

4　盛盤，先擺上牛排，再依個人喜好撒上香酥蒜片、義大利香芹，以及粗磨黑胡椒。

POINT

- 大蒜和奶油很容易燒焦，所以加入米飯或是 A 的時候，以中火拌炒為佳。

- A 的粗磨黑胡椒，加入的分量是想像中適量的 3 倍左右，這樣就能做出美味的炒飯。

- 如果味道太淡的話，可加鹽（分量外）調整。

[和牛內腿肉]

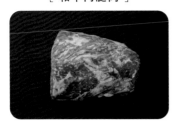

令人驚嘆的完美料理

烤牛肉蓋飯

烤牛肉最至關重要的是溫度調節。
使用電子鍋烹煮，在家也能輕鬆重現餐廳的味道。

材料　4人份

和牛內腿肉（烤牛肉用）⋯500g

鹽、胡椒⋯各適量

大蒜⋯1瓣
　→切成碎末

滾水⋯1ℓ

冷水⋯200㎖

熱飯⋯大碗4碗份

巴薩米克醋醬汁（參照P17）⋯全量

橄欖油⋯2大匙

蛋黃、蘿蔔嬰⋯各適宜

POINT

- 充分煎過牛肉的表面，不僅會變得香氣四溢，還可以鎖住肉汁。
- 以60～70℃保溫很重要。使用電子鍋的保溫功能，溫度管理就會變得很簡單。

作法

1

在烹調的30分鐘前將牛肉從冷藏室取出，回復至常溫。以鹽、胡椒、大蒜搓揉整塊肉。

Point
如果有棉線，在調味之前先纏繞在牛肉上，可以塑造出漂亮的形狀。

2

將橄欖油倒入平底鍋中，以中火加熱，放入牛肉，煎至整塊上色。

Point
牛肉煎過頭就會變硬，所以要觀察切面，煎至距離表面5mm左右的厚度已經變熟的狀態即可。最後，切面也要煎過。

3

將牛肉裝入夾鏈保鮮袋內並擠出空氣。放入電子鍋中，加入滾水、冷水，按下保溫鍵，保溫40分鐘。

Point
依照材料欄所標示的分量加入滾水和冷水，可以保持在60～70℃。

4

取出牛肉後拆除棉線，放涼之後切成薄片。將熱飯和牛肉盛入大碗中，淋上巴薩米克醋醬汁。可依個人喜好擺上蛋黃，撒上蘿蔔嬰。

Point
若在溫熱的狀態下切開牛肉，肉汁會流失。要等牛肉冷卻之後再切。

[和牛腱肉]

不使用奶油炒麵糊就能做出高級餐廳的味道

燉牛肉

燉煮已經煎至上色的食材可以濃縮鮮味。
不使用市售的奶油炒麵糊也能做出味道濃厚的燉牛肉。

材料　4人份

和牛腱肉（牛腿肉亦可／燉牛肉用）
　…600g

A | 鹽、胡椒、麵粉…各適量

大蒜…1球
　→保留蒜皮，直接橫切成一半的厚度

洋蔥…1個
　→切成寬2cm的瓣狀

水…1～1.2ℓ

月桂葉…1片

紅酒（以酒體飽滿者為佳）…500㎖

B | 多蜜醬汁罐頭…1罐（290g）
　　奶油…30g
　　番茄醬、伍斯特醬…各2大匙

C | 鹽、粗磨黑胡椒…各適量
　　砂糖…2～3大匙

橄欖油…1大匙

D | 水煮胡蘿蔔、水煮馬鈴薯、
　　西洋菜…各適量
　　 └切成喜歡的大小

鮮奶油…適量

POINT

- 牛肉使用和牛，紅酒使用酒體飽滿者，可以顯著提升美味的程度。紅酒選用約200多元即可輕鬆購得的產品即可。
- 將食材充分煎至上色，可以濃縮鮮味，做出色澤豐厚的湯品。
- 藉由仔細撈除浮沫，可以做出色澤鮮亮的燉牛肉。
- 紅酒不要直接使用，要先煮至剩下一半的分量，如此可以增添味道的深度。
- 牛腱肉是經過充分燉煮之後會變得格外軟嫩的部位。訣竅在於用極小火慢慢燉煮。

作法

牛肉回復至常溫，依照材料欄所示的順序，將所有肉塊撒滿**A**之後用手搓揉。

Point
不使用奶油炒麵糊，改為撒滿麵粉，增加黏稠度。

將橄欖油倒入平底鍋中，以中火加熱，放入牛肉，待所有肉塊煎至上色之後，移入燉煮用的鍋子中。

Point
因為稍後還要燉煮，所以牛肉裡面沒有煎熟也無妨。

將大蒜的切面朝下放入**2**的平底鍋中，加入洋蔥之後拌炒。待炒上色之後，移入**2**的鍋子中。

Point
大蒜只有頭側剝除蒜皮，然後放入鍋中。根側沒有剝除蒜皮，所以連同蒜皮一起放入。

在鍋中加入足以淹過食材的水量，蓋上鍋蓋，開火加熱。沸騰之後加入月桂葉，蓋上鍋蓋，以極小火加熱。中途要一邊撈除浮沫一邊燉煮（煮汁變少時要補足）3小時左右（若是牛腿肉則為1～2小時）。

將**3**的平底鍋中多餘的油分擦拭乾淨之後，倒入紅酒，煮至剩下一半的分量。

Point
一邊刮下附著在平底鍋上的褐渣，一邊煮至變得黏稠。

牛肉煮至變軟之後取出大蒜，加入**5**、**B**，以小火燉煮30分鐘左右。加入**C**調整味道。盛盤，添附**D**並淋上鮮奶油。

Point
酸味會因所使用的紅酒而有所不同，可依個人喜好加入砂糖來調整甜度。

[和牛肋眼肉]

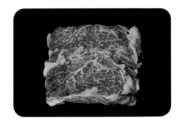

可以奢侈地享用

和牛壽喜燒

請分成3個階段享用壽喜燒。
在品嘗過牛肉的原味之後，可以奢侈地將所有煮汁一掃而空。

材料 2～3人份

和牛肋眼肉…200g

砂糖…1撮

醬油…適量

蛋液…適量

長蔥…1根
　→斜切成蔥段

洋蔥…1個
　→切成寬1cm的瓣狀

A　蒟蒻絲…200g
　　　→以滾水煮2～3分鐘，過一下冷水，
　　　然後切成容易入口的大小

　　舞菇…100g
　　　→剝散

　　炙烤豆腐…1塊（350g）
　　　→切成8等分

　　茼蒿…1把
　　　→切成容易入口的大小

B　醬油…4大匙

　　味醂…3大匙

　　砂糖…2大匙

　　酒…1大匙

熱飯…飯碗2～3碗份

牛脂…1個

海苔絲…適量

POINT

- 為了搭配和牛，將醬汁調配得稍微濃郁一點。
- 醬汁的黃金比例為醬油4：味醂3：砂糖2：酒1。

享用壽喜燒的方式

● 首先只品嘗牛肉的味道

將牛脂放入鍋中加熱，待散發出香氣之後取出，接著放入2～3片牛肉。

Point
如果沒有牛脂的話，可以用5g奶油取代。

牛肉稍微變色之後翻面，撒上砂糖，繞圈淋入醬油。沾裹蛋液享用。

Point
牛肉還適當地保有粉紅色時的熟度是享用的最佳時機。

● 接著品嘗完美搭配的醬汁和食材

將長蔥以及洋蔥放入2的鍋中，炒上色。

Point
在烹煮之前，先將長蔥和洋蔥炒過會釋出香氣，味道也會更有深度。

加入A、B、剩餘的牛肉，中途一邊將食材翻面一邊烹煮。將煮好的食材沾裹蛋液享用。

Point
除了牛肉之外，也推薦大家將豬肉或雞肉做成壽喜燒。

● 以蓋飯收尾

將4的食材擺在熱飯上，淋上剩餘的蛋液，撒上海苔絲之後即可享用。

Point
鍋中剩餘的食材吸滿了牛肉釋出的鮮味。奢侈地以充分入味的食材和蛋液配飯。

[牛邊角肉]

作為經典的終極料理

牛肉蓋飯

在引出洋蔥鮮味的同時，縮短牛肉的燉煮時間，
製作出軟嫩又入味的牛肉蓋飯。

（ 材料 ） 2人份

牛邊角肉⋯250g
　→切成容易入口的大小

洋蔥⋯1/2 個
　→切成寬1.5 ～ 2cm 的瓣狀

A ｜　水⋯150㎖
　　　醬油⋯3 大匙
　　　三溫糖⋯2 大匙
　　　白酒⋯50㎖
　　　味醂⋯1 大匙
　　　生薑⋯1 塊
　　　　→帶皮切成細絲

熱飯⋯大碗 2 碗份

牛脂⋯1 個（沙拉油1小匙亦可）

紅薑絲⋯適量

◤ POINT

- 如果將牛肉和洋蔥一起放入鍋中，燉煮的
  時間會拉長，使牛肉變硬。在食材入味之
  後，最後才加入牛肉是製作重點。可以縮
  短加熱時間，煮出軟嫩的成品。

（ 作法 ）

將牛脂放入鍋中加熱，然後
放入洋蔥，以中火翻炒，稍
微上色之後取出牛脂。

Point
用牛脂炒洋蔥可以增添濃郁的香
氣和甜味。

加入**A**，煮至沸騰之後轉為
小火，保持滾沸的狀態煮5
分鐘左右。

Point
加入白酒，可以做出微帶酸味的清
爽味道。

加入牛肉，一邊撈除浮沫一
邊以小火煮5分鐘左右。

Point
最後才加入牛肉就不會加熱過度，
能煮出軟嫩的成品。

煮汁變少之後關火，放涼。
再次開火加熱。澆蓋在大碗
中的熱飯上，最後再擺上紅
薑絲。

Point
先暫時放涼，可使牛肉快速入味。

[牛邊角肉]

肉鋪傳授的野炊料理・BBQ料理

胡椒風味牛肉飯

奶油充分裹住牛肉和米飯的絕品。
烤肉佐料很對味,好吃得令人停不下來。

材料 2人份

牛邊角肉…250g

白飯…飯碗1碗份

A │ 甜玉米粒罐頭…1罐

  │ 小蔥…1根

  │ →切成蔥花

奶油…10g

粗磨黑胡椒…適量

自製烤肉佐料（參照P16）…4～5大匙

牛脂（沙拉油亦可）…適量

POINT

- 使用直徑20cm的單柄鑄鐵煎鍋。因為容易焦掉,所以要在鍋面充分塗抹油脂。

- 如果不用沙拉油,而是使用牛脂,成品會更美味。

- 將全部材料盛入單柄鑄鐵煎鍋中,然後開火加熱（由冷鍋開始加熱）。

- 牛肉熟了之後,淋上烤肉佐料使之入味是製作的訣竅。

作法

1 將牛脂放入單柄鑄鐵煎鍋（也可以使用平底鍋或是鐵板燒烤盤）中加熱,融化到一定程度之後取出,關火。

2 將白飯盛入飯碗裡,倒扣在單柄鑄鐵煎鍋中。

3 在白飯周圍放入牛肉,將**A**撒在全體上。將奶油擺在白飯上方,撒上粗磨黑胡椒。

4 開中火加熱,待牛肉熟到一定程度時,將烤肉佐料淋在牛肉上,加熱至牛肉上色。

5 全體都熟了之後,混拌均勻即可享用。

[交雜牛腰內肉]

好吃到大排長龍

炸菲力牛排三明治

用大量醬汁使炸牛排入味是製作的重點。
也可用山葵醬油佐料（參照 P16）取代芥末籽醬，做成日式風味三明治。

材料 2人份

交雜牛腰內肉（牛排用）…2片（300g）

鹽、胡椒…各適量

A 麵粉…適量
    蛋液…1個份
    麵包粉…適量

吐司（8片裝）…4片
　→切除吐司邊

芥末籽醬…適量

B 麵味露（2倍濃縮）…100㎖
    蒜泥、山葵泥、砂糖
    　…各1小匙

高麗菜…適量
　→切成細絲

沙拉油…1ℓ

奶油…適量

POINT

- 因為牛肉會滲出水分，所以在即將沾裹麵衣之前才以鹽、胡椒事先調味。
- 將炸牛排斜放在吐司上，切開時整個切面都會露出牛肉，可以做出漂亮的三明治。

作法

1 牛肉回復至常溫，以1cm的間隔劃入刀痕，切斷牛肉的筋。切除多餘的脂肪，撒上鹽、胡椒事先調味。

Point
切斷筋之後，用手掌將整片牛肉按壓扁平，就可以炸得很均勻。

2 將整片牛肉依照材料欄的順序沾裹**A**。將沙拉油倒入鍋中，加熱至170℃，放入牛肉，兩面各炸1分30秒之後由鍋中取出。

Point
取出牛肉之後，將牛肉豎立在托盤中，或是放在廚房紙巾上，徹底瀝乾油分。

3 將奶油放入平底鍋中，以中火加熱，放入吐司，將兩面煎成漂亮的金黃色。取出之後，將其中2片吐司塗上芥末籽醬。

Point
因為奶油很容易燒焦，所以如果覺得火力過強要轉成小火。煎1分鐘～1分30秒，將吐司煎至上色。

4 將**B**放入**3**的平底鍋中，一邊攪拌一邊以小火加熱。放入**2**的炸牛排，讓兩面均勻沾裹醬汁。

Point
一邊將炸牛排翻面好幾次，一邊沾裹大量醬汁。

5 在1片已經塗上芥末籽醬的吐司上擺放炸牛排、高麗菜絲，用沒有塗芥末籽醬的吐司夾起來，斜切成一半。依此步驟做出2份。

Point
用吐司夾住餡料之後，從上方按壓使其緊實，比較容易切成一半。

PART 2

肉舖教大家做肉料理

豬肉篇

豬肉的各個部位，軟硬度截然不同，
所以本單元會為大家介紹適合該部位的食譜。
只要掌握前置作業的方式等重點，
就能做出格外柔嫩、美味的料理，
請務必在家裡試著參考看看。

肉舖教大家

本書中使用的 豬肉 部位和特徵

a

PART OF
MEAT 　**豬肩胛肉**（大里肌側）

大里肌側的肩胛肉具有適度的脂肪，肥肉和瘦肉分布均勻。肉質軟嫩且具有風味，建議製作成豬排或烤肉享用。

b

PART OF
MEAT 　**豬肩胛薄肉片**

和大里肌相較，肥肉較多，具有豬肉的鮮味，味道濃厚的肉片做成薑燒豬肉，或是煮成涮涮鍋，可以更加突顯鮮味。

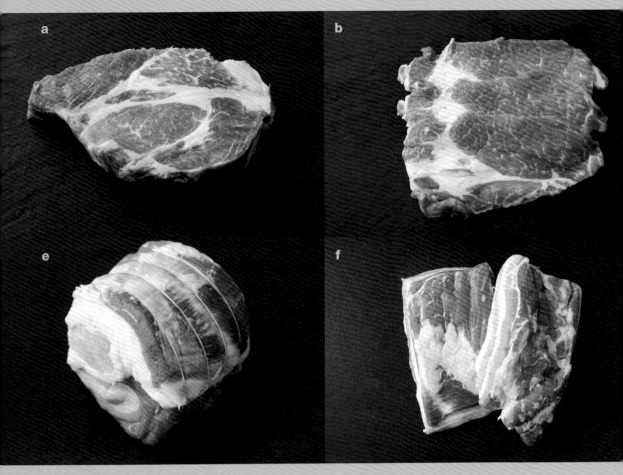

e

PART OF
MEAT 　**豬腹脅肉塊**（叉燒用）

肋骨周圍的部位。作為叉燒用肉在超市販售時，多半都有棉線纏繞著，如果在肉舖購買的話，店家會幫忙纏棉線。

f

PART OF
MEAT 　**豬腹脅肉塊**

豬腹脅肉是肥肉和瘦肉分層相間、比例均衡，味道濃醇的部位。切塊之後，用來製作燉煮料理，風味也很豐富，十分美味。

豬肉依照不同的部位，分別使用厚肉片或薄肉片很重要。
常用的豬肉若也能了解其特徵就可以烹調得更美味。

PART OF MEAT | 豬肩胛肉（頸側）

頸側的肩胛肉，運動量大，所以是較為結實的部位。含有豐富的膠質，味道濃醇，用來製作煮豬肉和燉煮料理等會變得軟嫩，而且更加美味。

PART OF MEAT | 豬大里肌厚肉片

表面附有適度的脂肪，肉質細緻、軟嫩的部位。因為濃縮了甜味和鮮味，所以做成嫩煎料理享用的話，油脂會溶解出來，相當美味。

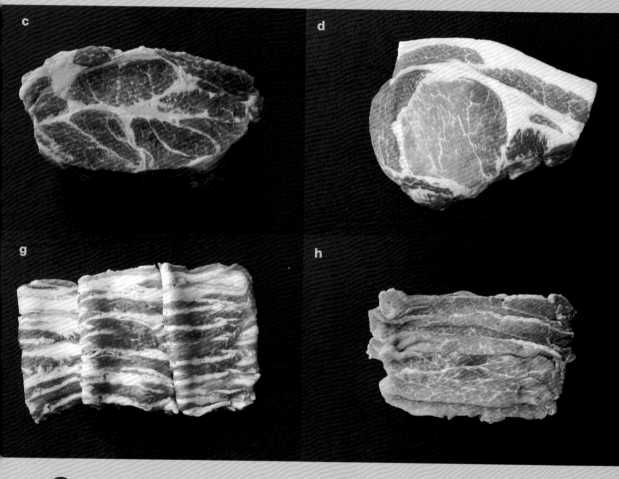

PART OF MEAT | 豬腹脅薄肉片

薄肉片入口即化，口感滑順，可以感受到脂肪的甜味。放入燉煮料理中與蔬菜一起燉煮，可使蔬菜吸滿鮮味和甜味。

PART OF MEAT | 豬腿薄肉片

因為是運動量大的部分，所以瘦肉多，肥肉少，口感清爽。烹調時容易變硬，所以最好製成蒸煮或是熱炒料理。

分切豬肩胛肉塊

依照用途各別處理

豬肩胛肉塊的各個部位，軟硬有所差異。
根據用途分別使用就能發揮該部位的優點。

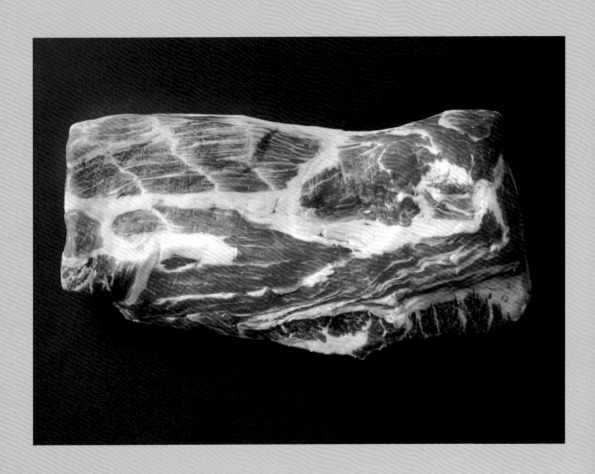

肉塊當中也有
軟嫩的部分和結實的部分
依照用途分別使用

肉塊在業務用量販超市或大型超市中很常見到。大部分的肉塊都已去骨，只需將表面修整乾淨，在家也能輕鬆分切烹調，更重要的是，可以做出便宜又美味的肉料理。在此我會使用豬肩胛肉塊，試著依照不同的用途予以分切處理。以部位來說，豬肩胛肉塊指的是從肩部到背部的部分。頸側的肩胛肉因為經常活動，所以筋很多，肉質較結實，適合製成燉煮料理，或是做成絞肉之後製成炸肉餅。大里肌側的肩胛肉，肉質柔軟，鮮味豐富且滋味濃醇，所以適合切成厚肉片，製成嫩煎料理或炸豬排。正中央的部分，瘦肉和肥肉分布均勻，不妨切成薄肉片製成薑燒豬肉等料理。若能事先了解肥肉多的部分或結實的部分，就可以依照不同的用途處理，享用烤肉、燉煮、豬排、涮涮鍋等美味的料理。

結實的頸側　　　　正中央　　　　軟嫩的大里肌側

切成**小方塊**

做成燉煮料理

↓

切成**薄肉片**

做成薑燒或熱炒料理

↓

切成**厚肉片**

做成嫩煎料理或炸豬排

↓

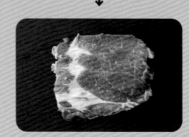

麻藥煮豬肉 ⇒ P43

頸側的肩胛肉雖然也有適度的肥肉分布，但筋較多且肉質結實。建議大家切成小方塊做成燉煮料理，或是大略切碎做成絞肉使用。

薑燒豬肉 ⇒ P42

正中央的部分，肥肉和瘦肉分布均勻，可以切成薄肉片，或煮或煎或炒，適合各種用途。

絕品厚切豬排 ⇒ P40

大里肌側的肩胛肉活動量低，所以附有脂肪，肉質軟嫩。鮮味也很濃郁，所以最適合切成厚肉片，做成嫩煎料理或炸豬排。

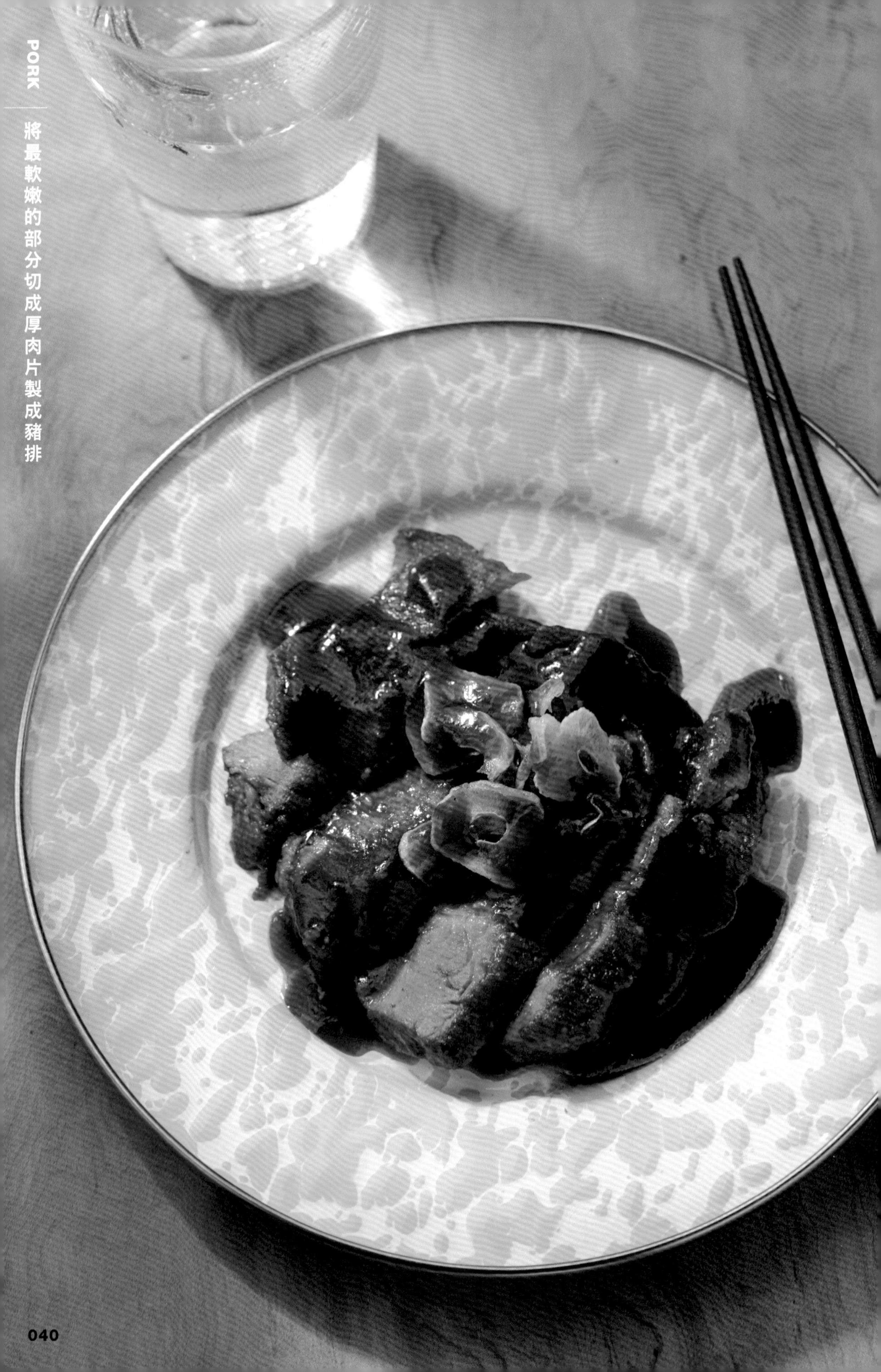

[豬肩胛肉（大里肌側）]

雖是厚肉片卻很軟嫩！

絕品厚切豬排

縮短煎肉的時間就能製作出口感軟嫩的豬肉。
大蒜風味的濃稠醬汁沾裹在豬肉上，非常美味。

材料　1人份

豬肩胛肉（大里肌側）…1片（150g）

鹽、胡椒…各適量

麵粉…適量

大蒜…1瓣
　→切成薄片

A｜番茄醬、伍斯特醬、味醂、水
　　…各1大匙
　｜蒜泥…1小匙
　｜砂糖、醬油…各1/2大匙

沙拉油…3大匙

POINT

- 烹調厚切肉片時，縮短煎肉時間是製作出軟嫩料理的重點。事先將肉回復至常溫，利用餘熱加熱就能縮短煎肉的時間。

- 將肉片裹滿麵粉可以炸出酥脆的豬排，也更容易沾裹醬汁。

- 在煎豬肉之前先將醬汁調好，就可以不慌不忙地一次倒入鍋中烹調。

作法

1 豬肉回復至常溫，使用廚房紙巾擦乾水分。在肥肉側劃入3～4道刀痕，兩面撒上鹽、胡椒，再裹滿麵粉。將**A**混合備用。

2 將沙拉油倒入平底鍋中，放入大蒜，以小火加熱，待大蒜變成金黃色時取出（保留大蒜備用）。放入豬肉，以中火煎單面3分鐘左右。

3 煎上色之後取出，靜置3分鐘左右。

Point
利用餘熱來加熱可以縮短煎肉的時間，做出軟嫩的料理。

4 將平底鍋中多餘的油脂擦拭乾淨之後，以中火加熱，將豬肉尚未煎過的那面朝下放入鍋中。煎2分鐘左右，將整片豬肉煎熟。

Point
如果豬肉看似要燒焦了，就轉為小火。

5 加入**A**之後，一邊澆裹在豬肉上，一邊加熱1分鐘左右直到出現光澤。切成個人喜歡的大小，盛盤。擺上**2**的大蒜，淋上剩餘的醬汁。

Point
豬肉要翻面好幾次，整片都要沾裹到醬汁。

[豬肩胛薄肉片]

肉舖傳授的鹹甜濃郁洋食風味

薑燒豬肉

將肥肉均勻分布的部位切成薄肉片，製作成薑燒豬肉。
濃厚的調味噴香誘人，非常下飯。

材料　2人份

豬肩胛（豬大里肌亦可）**薄肉片**

　…350g

A │ 醬油…2大匙

　│ 砂糖…1又1/2大匙

　│ 薑泥…1大匙

　│ 日本酒…2小匙

　│ 豆瓣醬…1小匙

洋蔥…1/2個

　→切成薄片

番茄醬…1小匙

豬油（沙拉油亦可）…適量

高麗菜…適量

　→切成細絲

作法

1 豬肉回復至常溫。將 **A** 事先混合備用。

Point

切得稍厚的薄肉片也回復至常溫，就能做出軟嫩的料理。

2 將豬油放入平底鍋中，以中火加熱，將豬肉片一邊攤開一邊放入鍋中。

3 加熱至兩面都上色，加入 **A**、洋蔥，沾裹煮汁。

4 待全體都上色之後，**加入番茄醬（a）**，加熱至出現光澤。

5 盛盤，添附高麗菜絲。

POINT

**完成時加入番茄醬
是美味的祕訣**

藉由在最後階段加進番茄醬，留下適度的酸味，做出美味的成品。

[豬肩胛肉（頸側）]

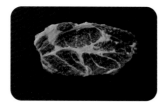

不誇張，真的好吃到不行

麻藥煮豬肉

剩餘的部分是肉塊時，不妨製作成煮豬肉。
可以鋪在米飯上做成蓋飯，或是當成佐酒的小菜。

（材料） 2人份

豬肩胛肉（頸側）… 200g

蛋…6個

A│ 醬油、水…各100㎖
　│ 砂糖…3大匙
　│ 蒜泥…1小匙
　│ 炒白芝麻、芝麻油…各1大匙

長蔥…1根
　　→蔥白的部分切成碎末，
　　　蔥綠的部分保留原樣備用

POINT

• 煮蛋的時候加入少量的醋，即使蛋殼裂開，蛋白也不會從裡面流出來。

（作法）

1 將足量的水（分量外）倒入鍋中煮沸，放入蛋煮6分半左右。留著熱水備用，取出蛋，浸泡在冷水中剝掉蛋殼。

2 將**A**以及長蔥的蔥白部分放入保存容器中混合備用。

3 將豬肉、長蔥的蔥綠部分放入**1**的熱水中，以極小火煮15分鐘左右，然後將豬肉由鍋中取出。放涼之後切成小塊的骰子狀。

4 將水煮蛋、豬肉加進**2**的保存容器中，放在冷藏室靜置一個晚上。要吃的時候，需重新加熱再享用。

[豬大里肌厚肉片]

肉舖傳授的

基本的厚切嫩煎豬排
（伍斯特醬油）

利用餘熱加熱豬肉，就可以做出多汁的成品。
裹滿伍斯特醬油濃郁醬汁的單品料理。

材料　1人份

豬大里肌厚肉片 …1片（200g）

鹽、胡椒…各適量

大蒜…1瓣
　→切成薄片

舞菇…50g
　→剝散

洋蔥…1/4個
　→切成薄片

A ┃ 伍斯特醬、醬油…各25mℓ
　　┃ 紅酒…1大匙

沙拉油…2大匙

奶油…10g

POINT

- 若在豬肉還冰冷的狀態下煎肉的話，裡面不容易熟，所以要先回復至常溫備用。
- 豬肉不要煎過頭，利用餘熱就能做出軟嫩的豬排。

作法

1 豬肉回復至常溫，以1cm的間隔劃入刀痕，切斷豬肉的筋。

Point
在豬肉表面劃入刀痕，可以避免肉片在煎的時候收縮捲曲。

2 在豬肉的兩面撒上鹽、胡椒，事先調味。

Point
重點是肥肉也要全面抹上鹽、胡椒。

3 將沙拉油倒入平底鍋中加熱，放入豬肉之後，以中火將單面煎3分鐘左右。

Point
在煎豬肉的切面之前，先將側面的肥肉按壓在平底鍋中煎至上色。

4 豬肉煎至上色之後取出，靜置3分鐘左右。

Point
利用餘熱充分加熱。

5 將鍋中多餘的油脂擦拭乾淨，放入奶油加熱融化後，加入大蒜。將豬肉尚未煎過的那面朝下放入鍋中，以小火煎2～3分鐘。

Point
將多餘的油脂擦拭乾淨之後才放入奶油，就不會變得很油膩。

6 加入舞菇、洋蔥、**A**，以中火將食材炒軟。

Point
豬肉煎好之後，先取出備用，可以避免變硬。

ARRANGE
MENU

[豬大里肌厚肉片]

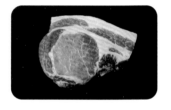

沒有比這個食譜更美味的

蜂蜜芥末嫩煎豬排

用帶有甜味的醬料為基本款嫩煎豬排調味。
不要將豬肉煎過頭是做出軟嫩豬排的訣竅。

(材料)　1人份

[蜂蜜芥末嫩煎豬排]

豬大里肌厚肉片 … 1片（200g）

鹽、胡椒…各適量

A 芥末籽醬、蜂蜜…各1大匙
　　醬油…1小匙
　　蒜泥…1/2小匙

白酒…1大匙

橄欖油…2大匙

奶油…10g

[奶油煮]

B 洋蔥…1/4個　→切成薄片
　　鴻喜菇…50g　→切除根部，剝散

鮮奶油…100㎖

橄欖油…1小匙

粗磨黑胡椒、義大利香芹…各適量

(作法)

[蜂蜜芥末嫩煎豬排]

1 豬肉回復至常溫，以1cm的間隔劃入刀痕，切斷豬肉的筋。在兩面撒上鹽、胡椒。

2 將橄欖油倒入平底鍋中加熱，放入豬肉之後，以中火將單面煎3分鐘左右。取出之後靜置3分鐘左右。將**A**混合備用。

3 將平底鍋中多餘的油脂擦拭乾淨之後，放入奶油以中火加熱，將豬肉尚未煎過的那面朝下放入鍋中，加入白酒。待酒精蒸發之後，加入**A**，加熱2分鐘左右。將豬肉切成容易入口的大小。

[奶油煮]

4 取另一個平底鍋，倒入橄欖油加熱，放入**B**炒至上色。

5 將**3**和鮮奶油加入**4**中，燉煮至變得黏稠。撒上粗磨黑胡椒，添附義大利香芹。

ARRANGE
MENU

[豬大里肌厚肉片]

肉舖傳授的祕傳味噌醃床

味噌醃豬肉

在味噌醃床中醃漬過後，做成味道豐厚的嫩煎料理。
重點在於煎肉的時候需要刮除多餘的味噌。

材料 1人份

豬大里肌厚肉片…1片（150g）

A｜白味噌…80g
　｜味醂…1大匙

B｜胡蘿蔔…1/4根
　｜　→切成絲
　｜洋蔥…1/4個
　｜　→切成薄片
　｜青椒…1/2個
　｜　→切成絲
　｜鴻喜菇…50g
　｜　→切除根部，剝散

沙拉油…1大匙

作法

1 將整塊豬肉塗滿混合好的**A**。用保鮮膜密封起來，放在冷藏室醃漬2～3天。

2 刮除豬肉上面多餘的味噌（**a**／保留味噌備用），回復至常溫。

3 將沙拉油倒入平底鍋中加熱，放入豬肉之後，以中火將單面煎2分鐘左右。

4 待上色之後翻面，以小火煎1～2分鐘即可盛盤。

5 將**B**放入**4**的平底鍋中，炒至變軟。加入**2**的味噌稍微炒一下，盛入**4**的盤中。

POINT

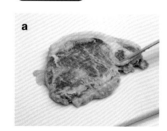

**先刮除多餘的味噌
煎的時候就不會燒焦**

煎豬肉的時候，先刮除多餘的味噌就不會燒焦，可以煎出漂亮的豬排。

047

[豬大里肌厚肉片]

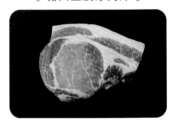

軟嫩到筷子能夾斷

厚切炸豬排

外表酥脆，內部多汁，肉質軟嫩的炸豬排。
利用餘熱加熱，再以高溫迅速炸第二次是美味的祕訣。

材料　1人份

豬大里肌厚肉片…1片（150g）

A | 鹽、胡椒…各適量
　| 麵粉…適量
　| 蛋液…1個份
　| 麵包粉（生鮮麵包粉）…適量

沙拉油…1ℓ

高麗菜…適量
　→切成細絲

青紫蘇葉…2片
　→切成細絲

檸檬…1/8個
　→切成瓣狀

岩鹽…適量

POINT

- 豬肉回復至常溫可以縮短油炸的時間，避免豬肉變硬。
- 突然使用170℃的高溫油炸會導致豬肉變硬。一開始用150℃的低溫慢慢加熱，最後再用170℃的高溫油炸，就能做出外酥內軟的炸豬排。

作法

1

豬肉回復至常溫，以1cm的間隔劃入刀痕，切斷豬肉的筋。

Point
可以避免豬肉在油炸的時候收縮捲曲。

2

將整塊豬肉依照材料欄的順序沾裹 **A**。

Point
將豬肉裹滿麵粉和蛋液可以避免麵衣剝落，鎖住肉汁。

3

將沙拉油倒入鍋中，加熱至150℃，放入豬肉炸3分鐘左右。取出之後靜置2～3分鐘。

Point
突然使用高溫油炸，豬肉會變硬，所以一開始先用低溫，這樣就能做出軟嫩的豬排。

4

將沙拉油加熱至170℃，放入豬肉炸1分鐘左右。變成金黃色之後取出，瀝乾油分。盛盤，添附高麗菜絲、青紫蘇葉、檸檬、岩鹽。

Point
170℃的標準為將長筷伸入油鍋中會冒出大量油泡的狀態。

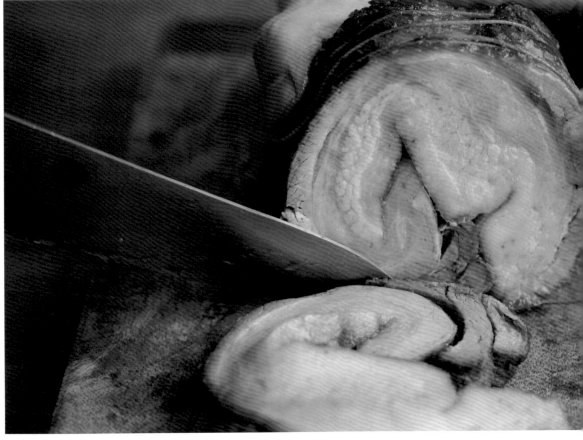

[豬腹脅肉塊（叉燒用）]

用平底鍋就可以完成

正宗叉燒

香噴噴且肉質軟嫩的叉燒，在自己家裡就能重現。
將剩餘的煮汁做成湯品，品嚐到一滴不剩。

材料　4人份

豬腹脅肉塊（叉燒用）
　…400 〜 500g

A　長蔥（蔥綠的部分）…1根份
　　大蒜…1瓣
　　　→壓碎
　　生薑…1塊
　　　→切成薄片
　　蘋果皮…1/2個份
　　八角…種莢1個份
　　水…1ℓ
　　酒…50mℓ
B　煮汁…100mℓ
　　醬油…50mℓ
　　三溫糖…2大匙

◉ 用煮汁再做一道料理

中式湯品

C　煮汁…400mℓ
　　長蔥（蔥白的部分）…1根份
　　　→切成圓片
　　醬油、中式湯底（膏狀）
　　　…各2小匙

將**C**放入另一個鍋中，開中火加熱，煮至沸騰
為止。

作法

將豬肉放入鍋中，開中火加熱，把整塊豬肉煎至上色。

Point
不放油，利用豬肉自身溶出的油脂煎肉。

關火，將鍋中多餘的油脂擦拭乾淨，加入**A**煮至沸騰。

Point
加入蘋果皮，可以做出水果風味的叉燒。

蓋上鍋蓋，以小火煮1小時左右。不時將豬肉翻面，撈除表面的浮沫。關火，只取出豬肉並移入平底鍋中（保留煮汁備用）。

Point
以極小火加熱，保持火力在沸騰冒泡的狀態，煮出軟嫩的豬肉。

將**B**加入**3**的平底鍋中，以小火燉煮10分鐘左右。如果醬汁煮得太乾，要加入煮汁調整。

Point
一邊用湯匙舀取醬汁澆淋在豬肉上面一邊煮，比較容易入味。

醬汁變得黏稠之後關火，取出豬肉放涼。

Point
豬肉還熱騰騰的時候不好分切，所以要放涼之後再切。

[豬腹脅肉塊]

令人垂涎欲滴的肉料理，請小心閱覽

滷豬肉

入口瞬間即化，美味無比。
覆蓋廚房紙巾烹調，煮出口感潤澤的肉塊。

材料 3～4人份

豬腹脅肉塊…600g

A ┃ 長蔥（蔥綠的部分）…1根份
┃ 生薑…1塊
┃　→切成薄片

B ┃ 煮汁（放涼，濾除油脂）、料理酒、
┃　水…各200ml
┃ 醬油…5大匙
┃ 砂糖…4大匙

水煮蛋…3個

長蔥（蔥白的部分）…5cm
　→切成白髮蔥

芥末醬…適宜

POINT

- 覆蓋廚房紙巾可以避免豬肉表面變乾，以及保持小火沸騰冒泡的狀態。調味的時候，使用廚房紙巾也可以使肉塊均勻入味。

- 放涼之後徹底取出凝結成白色的油脂，口感就不會太濃重，變得容易入口。

- 製作滷肉的時候，藉由汆燙肉塊的步驟消除腥味，去除多餘的油脂。調味的步驟則有軟化肉質，使肉塊入味的作用。確實按照這些步驟執行就能做出美味的滷豬肉。

作法

將足量的水（分量外）、**A**、豬肉（肥肉側朝下）放入鍋中，以大火加熱。

Point
與長蔥、生薑一起燉煮，去除豬肉的腥味。

沸騰之後轉為小火，撈除浮沫。覆蓋廚房紙巾，煮1小時～1小時30分鐘。煮汁變少時要補足水量。

Point
覆蓋廚房紙巾，可以避免豬肉表面變乾。

將豬肉取出（保留煮汁備用），然後切成容易入口的大小。

Point
豬肉容易變形散掉，所以切開的時候要留意。

將豬肉、**B**放入另一個鍋中，開大火加熱。沸騰之後轉為小火，覆蓋廚房紙巾，燉煮1小時左右。

Point
重點是以小火加熱，保持沸騰冒泡的狀態慢慢燉煮。

可依照個人喜好加入水煮蛋，再次覆蓋廚房紙巾，將煮汁燉煮至自己喜歡的濃度。盛盤，擺上長蔥，添附芥末醬。

Point
放涼之後，要食用時再次加熱會更入味。

[豬腹脅薄肉片]

顛覆常識

終極豬肉味噌湯

煮汁中充滿蔬菜水分所釋出的鮮味，堪稱絕品。
以小火燉煮可使豬肉變得軟嫩。

材料 4人份

豬腹脅薄肉片 … 400g
　→切成適當的長度

A | 白味噌…80g
　　 高湯（水亦可）…300㎖
　　 鹽…1小匙

B | 洋蔥…大3個（900g）
　　　 →切半之後，切成薄片
　　 胡蘿蔔…1/2根
　　　 →切成扇形片
　　 長蔥（蔥綠的部分）…1根份
　　　 →斜切成蔥段
　　 木綿豆腐…1塊（350g）
　　　 →切成喜歡的大小

C | 酒…50㎖
　　 長蔥（蔥白的部分）…1根份
　　　 →斜切成蔥段
　　 醬油…1大匙

七味唐辛子…適量

POINT

- 豬肉使用富含脂肪的豬腹脅肉，在燉煮時會溶出脂肪的甜味，可以煮出味道濃醇的煮汁。

- 從頭到尾都以不會過度沸騰的火力燉煮，可以避免豬肉變硬，同時將食材煮得軟嫩可口。

- 如果燉煮的時候沒有蓋上鍋蓋，水分會蒸發。請務必蓋上鍋蓋。

作法

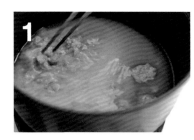

1 將A放入鍋中，以中火加熱。混合攪拌，將味噌慢慢化開。

Point
要充分攪拌，以免味噌結塊。

2 加入豬肉，煮至稍微變色即可，撈除浮沫。

Point
讓豬肉吸收味噌，事先調味。

3 依照材料欄所示的順序加入B，蓋上鍋蓋，以小火煮30分鐘左右。

Point
放入大量洋蔥，以幾乎無水的狀態燉煮。洋蔥的甜味鮮明，風味會轉為濃郁。

4 加入C攪拌，要避免豆腐破碎。食材煮至自己喜歡的軟硬度且入味後關火，放涼。再次加熱之後盛入碗中，撒上七味唐辛子。

Point
放涼之後，要食用時再次加熱會更入味。

[豬腹脅薄肉片]

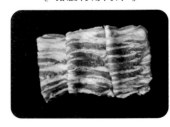

以 3 個重點簡單做出專業的味道

無水馬鈴薯燉肉

洋蔥吸收大量豬肉的鮮味後，釋出甜味的一道料理。
將經典的馬鈴薯燉肉做出正宗餐廳的味道。

材料　4人份

豬腹脅薄肉片…400g
　　→切成容易入口的大小

洋蔥…1 又 1/2 個
　　→切成寬 1cm 的瓣狀

馬鈴薯（男爵品種）…3 個
　　→切成容易入口的大小

A｜胡蘿蔔…1 根
　　　→切成滾刀塊
　｜蒟蒻絲…180g
　　　→用滾水汆燙 2～3 分鐘，過一下冷水，
　　　　然後切成容易入口的大小
　｜酒…90㎖

B｜醬油…4 大匙
　｜砂糖…2 大匙

豌豆莢…適量

芝麻油…1 大匙

POINT

- 豬肉最好使用即使燉煮也不易變硬的豬腹脅薄肉片。肥肉會在溶解之後形成鮮味和甜味。

- 使用男爵馬鈴薯製作，口感鬆軟，也容易入味。

- 使用鍋面寬廣的平底鍋，就可以減少混拌食材的次數。既能使食材上色，又能避免煮到破碎不成形。

- 從鍋邊加入酒，一邊混拌一邊溶解鍋底褐渣，就會形成鮮味。

- 醬汁是以酒 3：醬油 2：砂糖 1 的黃金比例調配。

作法

將芝麻油倒入平底鍋中加熱，放入豬肉，以中火煎至上色。加入洋蔥，將豬肉移動到洋蔥上。

Point
讓洋蔥充分吸收豬肉的鮮味和甜味。

加入馬鈴薯，炒至上色。加入 A，輕輕混拌之後，再加入 B，將全體混合。蓋上鍋蓋，以小火燉煮 20 分鐘左右，其間要混拌好幾次。

加入豌豆莢，蓋上鍋蓋，燉煮 2 分鐘左右。

Point
豌豆莢最後才加入，可以在完成時保留漂亮的顏色和清脆的口感。

[豬腹脅肉塊]

重現正宗滋味的方式就是這個

惡魔的滷肉飯

台灣料理中很受歡迎的滷肉飯，在此介紹輕鬆就能完成的食譜。
只要掌握重點，即可在家享用正宗美味。

材料　4人份

豬腹脅肉塊…400g
　→切成長方形肉片

紅蔥頭（洋蔥亦可）…1/2個
　→切成碎末

大蒜…2瓣
　→切成碎末

紹興酒…100㎖

A｜生薑…1塊
　　→切成薄片

　　八角…1個

　　水…200㎖

　　三溫糖、醬油、蠔油
　　　…各2大匙

水煮蛋…4個

熱飯…飯碗4碗份

沙拉油…3大匙

青江菜…適宜
　→汆燙之後，切成喜歡的大小

POINT

- 不喜歡八角味的人請分切果實，減少分量之後再使用。因為切碎之後不易由鍋中取出，所以建議以果莢1瓣份之類的狀態整塊加入。

- 由鍋邊加入紹興酒，溶解附著在鍋面的豬肉褐渣，使其形成鮮味。加入酒的時間點很重要。

- 豬腹脅肉雖是長時間燉煮就會變得軟嫩的部位，但因為含有大量脂肪，所以必須將釋出的透明油滴或冷卻後凝結的白色油脂去除。

作法

將沙拉油倒入鍋中加熱，放入紅蔥頭以中火煎炸。待上色之後加入大蒜，炒至散發出香氣。

Point
煎炸得香氣四溢是正宗作法。大蒜焦掉之後會產生苦味，所以稍後才加入。

加入豬肉，炒至上色後，將多餘的油脂擦拭乾淨。

Point
充分炒至上色，可以鎖住豬肉的鮮味。

加入紹興酒，開大火炒至酒精蒸發。

Point
一邊刮取鍋底的褐渣一邊炒，就會形成鮮味。

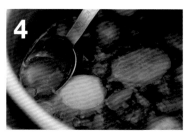

加入A、水煮蛋，以小火燉煮40分鐘左右，中途要撈除浮沫或多餘的油脂。將熱飯、豬肉盛入碗中，擺上切半的水煮蛋，再依個人喜好擺上青江菜。

Point
將湯汁收乾，煮至呈現黏稠的狀態，可使味道變得濃厚。

[豬腹脅薄肉片]

以大量蘿蔔泥熬煮出極致的深度和甜味

五花肉雪見鍋

大量使用蘿蔔的水分煮出暖身的火鍋料理。
食材簡單，味道卻深遠的湯頭，一喝就上癮。

材料 4人份

豬腹脅薄肉片…400g

　→切成容易入口的大小

白蘿蔔…2/3 條

　→磨成蘿蔔泥

水…400㎖

大蒜…2 瓣

　→壓碎

茼蒿…1 把

　→分成莖和葉，切成容易入口的大小

炙烤豆腐…1 塊（350g）

A│醬油…1 大匙

　│鹽…2 ～ 3 小匙

作法

1 將蘿蔔泥、水、大蒜、豬肉放入鍋中，開火加熱。

2 煮滾之後放入茼蒿的莖，一邊剝碎炙烤豆腐一邊加入，蓋上鍋蓋，以小火煮 20 分鐘左右。

3 整鍋煮熟之後，加入 **A**、茼蒿的葉子。

POINT

• 鹽的用量要隨著白蘿蔔的大小改變，所以要一邊試味道一邊調整。

[豬腹脅薄肉片]

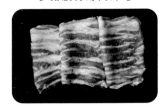

以專業手法製作

超好吃豬五花韓式泡菜炒飯

製作韓式泡菜炒飯時，放入食材的順序很重要。
炒至水分徹底蒸發，就能做出美味的炒飯。

(材料) 1人份

豬腹脅薄肉片⋯100g
　　→切成容易入口的大小
鹽、胡椒⋯各少許
韓式泡菜⋯100g
　　→切成容易入口的大小
蛋⋯1個
米飯⋯飯碗滿滿1碗份
小蔥⋯1根
　　→切成蔥花
醬油⋯2小匙
芝麻油⋯1大匙
炒白芝麻⋯適宜
韓國海苔⋯適宜

(作法)

將芝麻油倒入平底鍋中開火加熱，放入豬肉後撒上鹽、胡椒，以中火炒肉。炒至上色之後，加入韓式泡菜，炒至水分蒸發。

Point
炒至韓式泡菜的水分蒸發，避免味道變得平淡。

將蛋打入鍋中，一邊搗碎蛋黃一邊炒。加入米飯，將全體混合拌炒均勻。待米飯變色之後加入小蔥，從鍋邊繞圈淋入醬油，翻炒均勻。盛盤，撒上炒白芝麻，擺上韓國海苔。

Point
一邊將結塊的米飯撥散一邊炒，就能做出粒粒分明的炒飯。

POINT

- 使用味道甘甜濃醇、會釋出油脂的豬腹脅肉製作。與韓式泡菜非常對味，可以做出美味的炒飯。

- 韓式泡菜要連同汁液一起使用。充分炒至水分蒸發，就會形成鮮味。

- 推薦使用韭菜取代小蔥，可使炒飯更具風味。

ARRANGE MENU

小心誘人的飯食！

覆滿乳酪的 鐵板韓式泡菜 炒飯

滿滿的乳酪和炒飯是好搭檔。
岩漿般的外觀讓人印象深刻。

材料 1人份

豬五花韓式泡菜炒飯（參照P62）
　…飯碗1碗份
蛋…1個
披薩用乳酪絲…200g
沙拉油…1小匙和2小匙

作法

1 　將沙拉油1小匙倒入平底鍋中
以中火加熱，待鍋底布滿油分
之後，將蛋打入鍋中。等蛋白
的部分凝固後，將蛋黃煎至自
己喜歡的熟度。

Point
如果蛋看似快燒焦了，就轉為小火。

2 　將沙拉油2小匙倒入另一個平
底鍋中，把炒飯放在中央，周
圍加入乳酪絲，炒飯的上面擺
放**1**的煎蛋。開中火加熱至乳
酪絲融化。

Point
乳酪絲必須一邊混拌一邊加熱，以免
燒焦。

[豬腿薄肉片]

烹調時間10分鐘！

豬肉蔬菜卷

建議以涮涮鍋用的豬肉製作。
將蔬菜切成相同長度就可以做出漂亮的成品。

(材料)　7條份

豬腿薄肉片（涮涮鍋用）
　…200g

粗磨黑胡椒…適量

青紫蘇葉…7片

胡蘿蔔…1/3根
　→切成細絲

水菜…1把
　→切成與胡蘿蔔一樣的長度

A │ 蘿蔔泥…3 〜 4cm 份
　　│ 酸橘醋醬油…3大匙
　　│ 炒白芝麻…適量

(作法)

1 將豬肉1片1片攤開，撒上粗磨黑胡椒。在豬肉的一端依照順序擺放青紫蘇葉1片、1/7量的胡蘿蔔、水菜，然後用豬肉把蔬菜捲起來。照此步驟做出7個。

2 放在耐熱容器中，鬆鬆地包覆一層保鮮膜之後，以500W的微波爐加熱5分鐘。盛盤，淋上混合好的**A**。

Point
將蘿蔔泥稍微擠乾水分之後再使用，以免味道變得平淡。

POINT

**將蔬菜切成相同長度
就能做出漂亮的成品**

將蔬菜切成一樣的長度比較容易捲在一起，成品也會變得賞心悅目。

PART 3

肉舖教大家做肉料理

雞肉篇

本單元會為大家介紹使用全雞，
以及帶骨雞肉、去骨雞肉等，
適合各個部位的許多食譜。
在掌握了沒有腥味又美味的製作重點之後，
請大家務必試做看看。

肉舖教大家

本書中使用的 雞肉 部位和特徵

PART OF MEAT | 全雞

指的是去除了內臟和頭部等的一整隻雞。除了作為宴會料理等，將整隻雞烘烤成烤雞之外，也可以分切後使用。

a

比起牛肉和豬肉，雞肉的脂肪較少，而且味道清淡，適合做成任何料理。
有的部位在燉煮時會變硬，所以請嘗試適合該部位的烹調方式。

b

PART OF MEAT | **雞腿肉**

這個部位運動量大，所以筋很多，口感相當富有彈性。含有適量的脂肪，因此做成嫩煎或乾炸料理時會呈現多汁的口感。

c

PART OF MEAT | **雞胸肉**

這個部位的脂肪少，沒有腥味，吃起來口感十分清爽。一旦燉煮肉質就會變硬，所以建議大家做成雞肉沙拉，品嚐濕潤的口感。

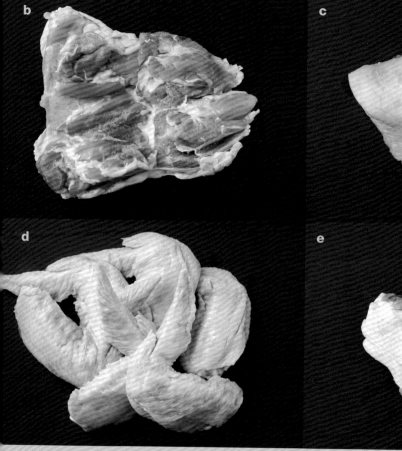

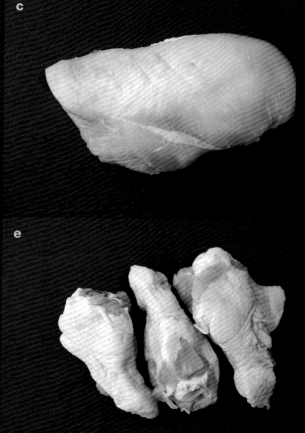

d

PART OF MEAT | **雞翅**

位於雞翅膀末端的部位。雞皮中含有大量的膠質和脂肪，帶有鮮味。做成炸雞翅的話，可以感受到更加濃醇的味道。

e

PART OF MEAT | **雞翅腿**

靠近雞翅膀根部的部位。由於運動量大，脂肪較少，味道清淡且肉質軟嫩。燉煮之後會變得更加滑嫩，骨頭也能熬成高湯。

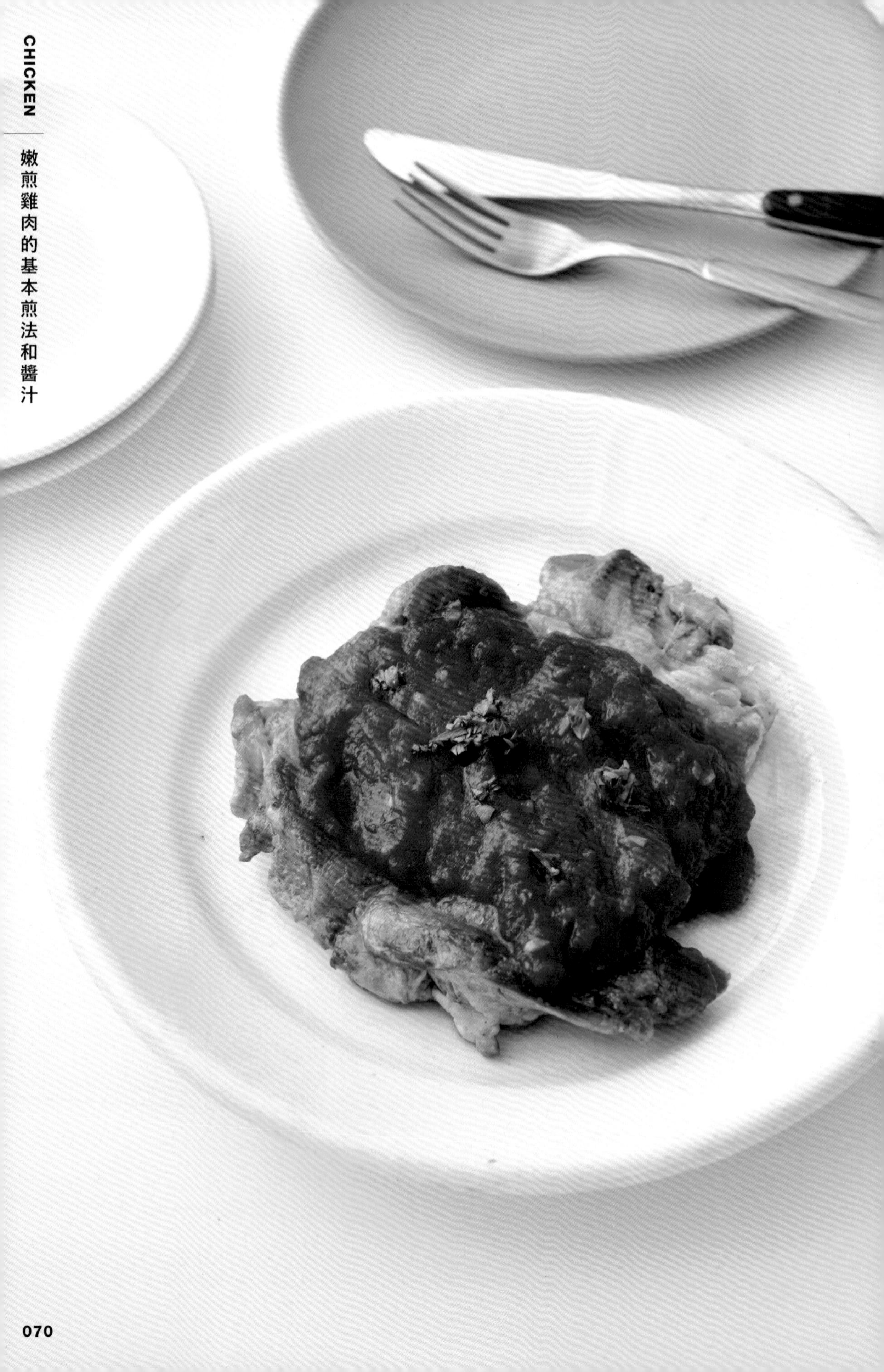

[雞腿肉]

肉舖直接傳授！專家這樣煎

基本的嫩煎雞肉（番茄醬汁）

雞肉先回復至常溫再煎是重要關鍵。
在此介紹將雞肉煎得柔嫩多汁的作法。

材料　1人份

雞腿肉…1片（250g）

鹽、胡椒…各適量

大蒜…1瓣
　→切成碎末

切塊番茄罐頭…1/2罐（200㎖）

橄欖油…1大匙

義大利香芹…適量
　→切成粗末

POINT

- 烹調之前先將雞肉從冷藏室取出，回復
  至常溫備用，煎的時候雞肉就不會因為
  緊縮而變硬。

- 先將雞肉放入平底鍋中，再開火加熱，
  雞肉就不會燒焦。

- 不要使用大火，以中火或小火慢慢煎。

- 從雞肉皮面開始烹調，一邊用料理夾壓
  住一邊煎就可以均勻受熱。

- 翻面之後以小火慢慢煎，就能將雞肉煎
  得外皮酥脆，內部多汁。

作法

1

雞肉回復至常溫，以廚房紙巾將水分
擦拭乾淨。

Point
雞肉滲出的水分是造成腥味的原因，所以一定
要仔細地擦拭乾淨。

2
去除雞肉的筋、殘骨和多餘的雞皮。

Point
仔細進行前置作業，入口時的口感就會變好。

3

在雞肉較厚的部分劃入刀痕，把肉攤
開，使厚度一致。以1cm的間隔劃出
刀痕，然後撒上鹽、胡椒。

Point
將整片雞肉整成相同厚度，就能均勻受熱。

4

將橄欖油倒入平底鍋中，然後將雞肉
皮面朝下放入。以中火加熱，用料理
夾按住雞肉，煎4分鐘左右。

Point
煎的時候用料理夾按住雞肉，使之攤平，可以
避免雞肉收縮變形。

5

用廚房紙巾將平底鍋中多餘的油脂擦
拭乾淨。待上色之後翻面，以小火煎
5～6分鐘，盛盤。

Point
將油脂擦拭乾淨可以去除雞肉的腥味。

6

將大蒜放入**5**的平底鍋中，散發出香
氣之後加入番茄罐頭。以中火加熱，
攪拌5分鐘左右，加入鹽、胡椒。澆
蓋在雞肉上，撒上義大利香芹。

Point
收乾醬汁的標準為：從鍋底攪拌時，醬汁呈現
濃稠且不會流動的狀態（參照照片）。

**ARRANGE
MENU**

[雞腿肉]

沒有比這個更棒的食譜了

邪惡的照燒雞腿排

製作訣竅為：一邊在雞肉上澆淋濃稠的鹹甜醬汁一邊煎。
醬汁與雞肉完美融合的終極邪惡食譜。

（材料）1人份

雞腿肉…1片（250g）

A 酒…2大匙
　　砂糖、醬油、味醂、
　　麵味露（3倍濃縮）
　　　…各1大匙
　　醋…1小匙

獅子椒…4根
　→在皮面劃上切痕

沙拉油…1大匙

炒白芝麻…適量

（作法）

1　雞肉回復至常溫，以廚房紙巾擦乾水分。

2　去除雞肉的筋、殘骨和多餘的雞皮。在雞肉較厚的部分劃入刀痕，把肉攤開，使厚度一致，然後以1cm的間隔劃出刀痕。

3　將沙拉油倒入平底鍋中，然後將雞肉皮面朝下放入鍋中。以中火加熱，用料理夾按住雞肉，煎4分鐘左右。

4　用廚房紙巾將平底鍋中多餘的油脂擦拭乾淨。待雞皮上色之後翻面，以小火煎5～6分鐘，加入**A**、獅子椒。**一邊讓雞肉沾裹醬汁一邊煎至變得黏稠（a）。**

5　雞肉煎熟之後盛盤。將平底鍋中剩餘的醬汁澆淋在雞肉上，添附獅子椒，撒上炒白芝麻。

POINT

**一邊在雞肉上澆淋醬汁
一邊煎，可使雞肉入味**

一邊用湯匙舀取醬汁澆淋在雞肉上一邊煎，讓整體裹滿醬汁，使之入味。

[雞腿肉]

香草和大蒜的鮮味爆發

香草雞腿排

使用大量香草沾裹雞肉。
大蒜的香氣也十分濃郁，令人胃口大開的一道料理。

材料 1人份

雞腿肉…1片（250g）

A | 大蒜…1瓣
　　　　→切成碎末
　　　羅勒…6g
　　　　→切成碎末
　　　義大利香芹…5g
　　　　→切成碎末
　　　橄欖油…2小匙

鹽…1/2小匙

馬鈴薯…1個
　　→帶皮切成厚1cm的圓片

橄欖油…1大匙

作法

1　雞肉回復至常溫，以廚房紙巾擦乾水分。

2　去除雞肉的筋、殘骨和多餘的雞皮。在雞肉較厚的部分劃入刀痕，把肉攤開，使厚度一致，然後以1cm的間隔劃出刀痕。將 **A** 混合備用。

3　將橄欖油倒入平底鍋中，然後將雞肉皮面朝下放入鍋中。以較小的中火加熱，用料理夾按住雞肉，煎4分鐘左右。

4　在鍋面有空位的地方放入馬鈴薯。煎至上色之後將雞肉、馬鈴薯翻面，用廚房紙巾將鍋中多餘的油脂擦拭乾淨。

5　以小火煎5～6分鐘，**加入A（a）**稍微炒一下，待散發出香氣之後沾裹在雞肉、馬鈴薯上面。盛盤，依個人喜好也可撒上粗磨黑胡椒，淋上巴薩米克醋。

POINT

**香氣四溢的時候
就表示已經煎熟了**

放入大蒜、香草之後加熱，待充分散發出香氣時，就表示所有食材都煎好了。

[雞腿肉]

（材料） 2人份

雞腿肉…1片（300g）

鹽、胡椒…各少許

A 薄口醬油…2 ～ 3大匙

　薑泥、酒、芝麻油

　　…各1小匙

　蒜泥…1/2小匙

片栗粉…適量

沙拉油…1ℓ

在家裡重現肉舖的炸雞

唐揚炸雞

抓住訣竅之後，就可以在自家中
享用軟嫩多汁的終極唐揚炸雞。

作法

1　去除雞肉的筋、殘骨和多餘的雞皮。切成容易入口的大小，撒上鹽、胡椒。

2　將**A**放入缽盆中混合均勻。加入雞肉搓揉，放在冷藏室醃漬半天～一個晚上。

3　雞肉回復至常溫，**全部沾滿薄薄一層片栗粉之後，調整一下形狀（a）。**

4　將沙拉油倒入鍋中，**開火加熱至150℃，放入雞肉炸1分30秒左右。取出之後靜置4分鐘左右。**

5　將沙拉油加熱至170℃，放入雞肉炸1分鐘左右（**b**）。

POINT

a

雞肉皮面在外，包整成圓形

雞肉在沾滿片栗粉之後，將皮面朝外包捲成圓形才下鍋，就能炸得外皮酥脆、內部多汁。

b

油炸兩次，
可以炸出柔嫩的雞塊

雞肉先以低溫油炸，然後靜置一下，利用餘熱使裡面熟透。接著再以高溫迅速炸第二次，如此一來即可縮短高溫油炸的時間並做出柔嫩的雞塊。

ARRANGE
MENU

使用檸檬變身成味道清爽的乾炸料理

檸檬醬汁拌唐揚炸雞

也建議大家將基本的唐揚炸雞
稍做變化，品嚐清爽的味道。

材料　2人份

唐揚炸雞（參照左頁）…200g

A｜砂糖、味醂…各1/2大匙

B｜醬油…1大匙

　　檸檬…1/4個

　　　→榨出果汁，將榨過汁的果實切成扇形片

義大利香芹…適量

　→切成粗末

作法

1　將**A**放入鍋中，以極小火慢慢加熱，沸騰之後關火。

2　加入**B**、唐揚炸雞，混拌之後盛盤，撒上義大利香芹。

[雞腿肉]

邪惡的美味

非油炸的正宗**韓式洋釀雞**

在家輕鬆做出大受歡迎的韓國料理。
擦掉多餘的油脂，成品就不會太過油膩。

材料 2人份

雞腿肉…1片（300g）
　　→切成容易入口的大小

鹽、胡椒…各適量

片栗粉…適量

A｜韓式辣椒醬、番茄醬、
　　蜂蜜…各1大匙

　　砂糖、醬油…各1/2大匙

　　蒜泥…1小匙

　　一味唐辛子、芝麻油…各1小匙

沙拉油…3大匙

萵苣…適量
　　→切成喜歡的大小

炒白芝麻…適量

辣椒絲…適量

作法

1　將雞肉撒上鹽、胡椒，然後沾滿
　　片栗粉。

2　將沙拉油倒入平底鍋中加熱，放
　　入雞肉，以中火煎兩面，煎至上
　　色。**用廚房紙巾將多餘的油脂擦
　　拭乾淨（a）**。取出雞肉放在廚房
　　紙巾上，瀝乾油分。

3　將混合均勻的**A**倒入**2**的平底鍋
　　中，稍微加熱。放入雞肉沾裹醬
　　汁，直到變得黏稠。

4　盛入墊有萵苣的盤中，撒上炒白
　　芝麻，擺上辣椒絲。

POINT

**翻面的時候熱油會飛濺起來
所以要將多餘的油脂擦拭乾淨**

徹底擦淨多餘的油脂之後，將雞肉翻面
時，熱油就不會飛濺起來。

[雞翅]

也可以當作下酒菜

鹹甜炸雞翅

火力維持在小火，就可以在不會燒焦的狀態下沾裹上醬汁。
撒在成品上的炒白芝麻和青海苔也帶來極佳的風味。

（材料） 2人份

雞翅…6支

片栗粉…適量

A 醬油…50mℓ

砂糖…50g

蒜泥…少許

沙拉油…適量

炒白芝麻、青海苔…各適量

（作法）

1 在雞翅上沾滿片栗粉。

2 將沙拉油倒入平底鍋中達3cm的高度，加熱至160～170℃，放入雞翅炸6～7分鐘。

3 將**A**放入另一個平底鍋中，以中火加熱，沸騰之後轉為小火煮3分鐘左右，將醬汁收乾。

4 **趁熱將雞翅放入3之中，沾裹醬汁直到變得黏稠（a）**。盛盤，撒上炒白芝麻、青海苔。

POINT

**保持以小火加熱
以免醬汁沸騰過度而燒焦**

醬汁一旦沸騰過度就容易燒焦並出現苦味，所以要保持小火。

[雞腿肉]

只用2種香料就可以完成

正宗檸檬咖哩雞

想從香料開始製作咖哩的人必看。
在此介紹能夠隨個人口味調整辣度同時輕鬆完成的香料咖哩。

材料 4人份

雞腿肉…2片（500g）
　→切成容易入口的大小

鹽、胡椒…各適量

A │ 小茴香籽…1小匙
　　│ 鷹爪辣椒…1根
　　│ 大蒜…2瓣
　　│ 　→切成碎末
　　│ 薑泥…1大匙

洋蔥…1個
　→切成碎末

番茄…1個
　→切成小塊

B │ 芫荽粉…2小匙
　　│ 鹽…1小匙

水…500㎖

馬鈴薯…1個
　→帶皮切成瓣狀

蜂蜜…1大匙

檸檬…1個
　→切成薄片

沙拉油…2大匙

義大利香芹…適宜
　→切成碎末

POINT

• 將香料和香味蔬菜充分炒過，使其散發出香氣。

• 將番茄和加入鍋中的水充分收乾，熬出濃醇深遠的味道。

作法

將雞肉撒上鹽、胡椒搓揉。將沙拉油、A放入鍋中，以小火炒至散發出香氣。
Point
慢慢地炒，以免燒焦，將香氣提引出來。

加入洋蔥之後轉為大火，炒10分鐘左右，直到洋蔥變成深褐色。中途沒有水分時要補足水量（分量外）。
Point
洋蔥用大火炒至上色，可以釋出如同長時間拌炒後的濃醇味道。

加入番茄，一邊搗碎一邊炒至水分蒸發。
Point
將番茄炒至水分蒸發，就會出現甜味。

關火，放入B攪拌均勻。加入雞肉、水，以大火加熱，沸騰之後轉為小火，燉煮20分鐘左右。
Point
中途一邊攪拌，一邊將火力保持在沸騰冒泡的狀態。

加入馬鈴薯、蜂蜜、檸檬，以小火燉煮20分鐘左右。最後依個人喜好加入義大利香芹。
Point
如果味道太淡就追加鹽，太辣的話則追加蜂蜜。放置一個晚上的話，味道會更濃郁美味。

[雞腿肉]

鬆軟滑嫩的絕品

親子蓋飯

煎雞皮可使香氣更為濃郁。
能嚐到鬆軟滑蛋的親子蓋飯。

材料 2人份

雞腿肉…1片（250g）

A 洋蔥…1/2個
　　→切成寬1cm的瓣狀

　　日式高湯…80㎖

　　味醂…4大匙

　　醬油…2大匙

蛋液…4個份

熱飯…大碗2碗份

沙拉油…1大匙

鴨兒芹…適量
　　→從莖部切成2cm的寬度

POINT

- 煎雞皮可以鎖住鮮味並增添香氣。也推薦給不喜歡雞皮口感的人。
- 蛋液分成2次加入，就可以享受到鬆軟滑嫩的口感。

作法

1 在雞肉較厚的部分劃入刀痕，把肉攤開，使厚度一致。接著以1cm的間隔劃出刀痕。

Point
在雞肉表面劃出刀痕比較容易煎熟，也較容易入味。

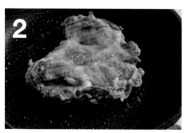

2 將沙拉油倒入平底鍋中，然後將雞肉皮面朝下放入鍋中。以大火加熱，將兩面煎至上色。切成容易入口的大小。

Point
用大火煎雞肉是為了保留住鮮味，裡面還沒熟也OK。

3 將A放入鍋中，以中火加熱1～2分鐘直到洋蔥變軟。加入雞肉之後轉為小火，燉煮3分鐘左右。

Point
在加熱的過程中，讓雞肉充分吸收煮汁入味。

4 加入半量的蛋液，輕輕混拌。再加入剩餘的蛋液，蓋上鍋蓋，以小火煮1分鐘左右。澆蓋在盛了熱飯的大碗中，擺上鴨兒芹。也可依個人喜好撒上七味唐辛子或山椒粉。

[雞胸肉]

完全保存版！柔嫩多汁

雞肉沙拉

容易乾柴的雞胸肉，以絕妙的方式加熱之後變得柔嫩多汁。
任何人都可以輕鬆製作出美味的雞肉沙拉。

材料　1～2人份

雞胸肉…1片（300～400g）

A 砂糖…1/2大匙
　　鹽…1小匙

B 檸檬汁…1大匙
　　雞湯粉…1/2大匙

水…1ℓ

胡蘿蔔沙拉（參照P124）…適量

粗磨黑胡椒…適量

橄欖油…適量

POINT

- 雞肉回復至常溫，內部比較容易煮熟。如此還能節省加熱的時間，避免雞肉變硬（回復至常溫的時間標準，夏季為30分鐘，冬季為1小時）。

- 加熱雞肉的時候，要使用大量熱水。這樣溫度就不容易下降，溫度管理也變得比較容易。

- 加入檸檬汁可以防止水分流失。因為雞肉的水分被鎖住，能夠做出鮮嫩多汁的成品。

作法

雞肉回復至常溫，用叉子在兩面戳洞。撒上**A**，搓揉雞肉。

Point
用叉子在雞肉表面戳洞，將纖維戳斷，肉質會變得柔軟，也比較容易入味。

將雞肉、**B**裝入耐熱的保鮮袋中，充分搓揉。擠出空氣後密封起來，放在冷藏室靜置一個晚上。

Point
在冷藏室靜置一個晚上，讓雞肉內部也能充分入味。

將雞肉回復至常溫。將水倒入鍋中，開火加熱，沸騰之後關火。將裝有雞肉的保鮮袋直接放入鍋中，蓋上鍋蓋放置約1小時。從鍋中取出，放涼之後放入冷藏室冷卻。將雞肉切成薄片之後盛盤，添附胡蘿蔔沙拉。將雞肉撒上粗磨黑胡椒，淋上橄欖油。

[雞翅腿]

調味料只有鹽！將鮮味濃縮起來

無水蔬菜燉雞

沒有使用法式澄清湯或雞骨高湯，調味料只有鹽。
雞肉和蔬菜原有的美味滲透而出，可以品嚐到令人放鬆的味道。

材料 3～4人份

雞翅腿…6支

A｜洋蔥…2個
　　→切成4等分的瓣狀

　｜胡蘿蔔…1根
　　→長度切成一半，再對半縱切

　｜高麗菜…1/4個
　　→切成一半

鹽…1小匙
維也納香腸…10根
橄欖油…2大匙

POINT

- 如果擔心食材因為沒有水分而燒焦的話，可以一邊確認鍋底一邊攪拌，或是加入料理酒（100㎖）。

- 以小火燉煮，蔬菜會釋出大量水分，這樣就不會煮焦。

- 使用自己喜歡的蔬菜也無妨，但是洋蔥含有豐富的水分、甜味和鮮味，所以加入洋蔥至關重要。建議大家，蔬菜要填滿鍋子的一半以上。

作法

雞翅腿撒上鹽（分量外）搓揉。將雞翅腿、橄欖油放入鍋中，以中火煎至整塊上色，取出。

Point
先將雞翅腿煎過，可以增添香氣，讓美味升級。

將**A**依照材料欄的順序加入1的鍋中，撒鹽。

Point
在蔬菜上面撒鹽，利用滲透壓促使蔬菜釋出水分。

加入維也納香腸和雞翅腿之後，蓋上鍋蓋。以中火加熱，冒出蒸氣時轉為小火，燉煮40分鐘左右。

Point
先放涼，要吃的時候再加熱，就會很入味。

[雞翅腿]

注意！會無法再使用市售的奶油炒麵糊

絕讚美味
超濃厚燉雞

無比濃厚的燉雞肉，好吃到無法再回頭使用市售的奶油炒麵糊。加入南瓜可使味道更香甜。

CHICKEN STEW

材料　4人份

雞翅腿…800g

A｜蘑菇…20個
→切成4等分
大蒜…2瓣
→壓碎

白酒…200㎖

鮮奶油…600㎖

月桂葉…1片

南瓜…200g
→去除籽和瓜瓤，切成容易入口的大小

牛奶…100～200㎖

鹽…1小匙

胡椒…適量

橄欖油…3大匙

奶油…20g

POINT

- 將食材充分煎上色，味道會出乎意料地變得濃醇深遠。
- 使用大量鮮奶油製作，比市售的奶油炒麵糊成品更加濃郁美味。
- 因為充分利用食材原味且只有簡單的調味，所以去除雞肉的腥味和仔細撈除浮沫很重要。
- 鹽的用量會隨著食材或牛奶的分量而改變，因此最後要試嚐味道予以調整。

作法

1 將橄欖油倒入平底鍋中，放入雞翅腿。以大火加熱並將全體煎至上色，然後移入鍋中。

Point 煎雞翅腿是為了去除腥味，所以內部沒有熟也OK。

2 將1的平底鍋中多餘的油脂擦拭乾淨，放入奶油，開火加熱。奶油融化之後加入A，以中火炒3分鐘左右。

Point 讓蘑菇充分吸收奶油和大蒜的香氣以及雞翅腿的油脂，是提升鮮味的關鍵重點。

3 加入白酒，以大火收乾直到剩下一半的分量。

Point 刮除附著在鍋面的褐渣並收乾水分，使鮮味變得更加濃郁。

4 將3、鮮奶油加入1的鍋子中，沸騰之後放入月桂葉。撈除浮沫之後加入南瓜，以小火燉煮20～30分鐘左右。以鹽、胡椒調整味道。

Point 中途水分變少時，加入牛奶，保持食材不外露的狀態。

[全雞]

在家即可完成的肉舖祕藏料理

烤全雞

若是選用已經事先處理過的全雞，就可以直接使用。
如果在派對或耶誕節時製作烤全雞，絕對會大受歡迎。

材料　2～4人份

全雞（事先處理過）…1隻（1.2kg）

鹽…1大匙

胡椒…適量

A
- 醬油…50㎖
- 芥末籽醬…1小匙
- 蒜泥…1/2大匙
- 蜂蜜…2又1/2大匙
- 迷迭香…2枝

橄欖油…適量

喜歡的蔬菜（照片中為小番茄、洋蔥、胡蘿蔔）
　…適量

POINT

- 將冷凍的全雞解凍時會滲出很多粉紅色血水。將血水徹底擦拭乾淨，可以去除腥味，避免味道變得平淡。

- 如果全雞沒有事先回復至常溫，裡面會烤不熟，請留意。

- 將全雞淋上烘烤時流出的肉汁或剩餘的醬料，表面就會出現光澤。此外，與肉汁混合的醬料會變成美味的醬汁，所以建議大家一邊澆淋醬汁一邊享用。

- 烘烤時間僅供參考，請依據烤箱和全雞的大小視情況調整。

（如果要在當天完成的話）

- 在作法1用叉子在整隻全雞表面戳洞，比較容易入味。

- 裝入保鮮袋中醃漬2～3小時左右。頻繁地翻面同時將醬料揉進全雞裡。

- 烘烤的時候要將剩餘的醬料分成2～3次全部用盡。

作法

用廚房紙巾將全雞的水分擦乾，撒上鹽、胡椒，全面搓揉。

Point
將全雞的水分擦乾可以去除腥味，避免味道變得平淡。

將全雞裝入夾鏈保鮮袋，接著加入混合好的醬料A使其均勻沾裹全雞。擠出空氣之後密封起來，放在冷藏室醃漬1～2天。

Point
擠出空氣時，將保鮮袋浸泡在水中，可以藉由水壓確實密封起來，如此就不易腐壞，也比較容易入味。

在烘烤前的1小時左右，將全雞從冷藏室取出，回復至常溫（保留保鮮袋中的醬料備用）。放在已鋪有烘焙紙的烤盤上，將全雞塗滿橄欖油。

在全雞周圍放置喜歡的蔬菜，全雞的翅尖和腳部容易烤焦，所以要用鋁箔紙裹住。放入預熱至180℃的烤箱中，烘烤40～60分鐘。中途澆淋肉汁和剩餘的醬料，使全雞上色。

Point
一邊澆淋全雞滲出的肉汁和剩餘的醬料一邊烘烤，可以將雞皮烤得酥脆可口。

PART 4

肉舖教大家做肉料理

絞肉篇

請盡情享用風味濃郁的義大利麵。
製作的卡波納拉義大利麵。
在專欄中會介紹以義式培根
正宗的絞肉料理。
試著製作出日式、西式和中式等
請依據當天的心情

肉舖教大家

本書中使用的 絞肉 & 內臟·其他 特徵

絞肉

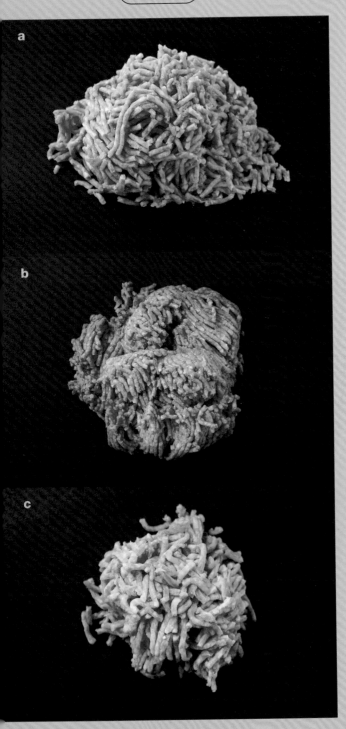

a
PART OF MEAT | 綜合絞肉

將牛肉和豬肉混合絞碎而成,各自原有的甜味和鮮味融合在一起,味道變得更加濃醇。建議做成漢堡排或鑲肉料理。

b
PART OF MEAT | 牛絞肉

將牛的腿肉和前腿腱等混合絞碎而成,做成炸肉餅或漢堡排,可以更加突顯牛肉的香氣。

c
PART OF MEAT | 豬絞肉

將豬的前胸肉和腱肉等混合絞碎而成,肥肉多,口感柔嫩,味道圓潤,非常適合製成中式料理或洋食。

MEMO

絞肉必須去肉舖購買!

絞肉通常很難辨識是用什麼樣的肉製成,所以務必向販售優質肉品的肉舖購買!本店是在顧客選購之後才製成絞肉,所以新鮮度不一樣。

絞肉的濃醇程度會因瘦肉和肥肉的比例而改變，所以請根據用途來選擇。
烹調內臟或筋膜時，好好地進行前置作業是做出美味料理的關鍵。

PART OF MEAT 牛筋

主要是指阿基里斯腱，這個部位的肌肉結實。雖然具有獨特的腥味且質地偏硬，但是經過適當的前置作業以及長時間燉煮之後，就會變得軟嫩。

PART OF MEAT 豬的白色內臟

豬的內臟中，胃和腸的白色部位。脂肪很多，味道濃郁，所以若用於燉煮和火鍋等料理，脂肪溶解後會形成鮮味。

PART OF MEAT 雞肝

雞的肝臟，質地細緻軟嫩。製作成煮物或串燒的話，可以享受到獨特的香氣和濃醇的味道。

MEMO

內臟的新鮮度最為重要

內臟很容易腐壞，所以已經變色或氣味難聞的內臟就表示不新鮮了。請向可靠的店家選購色澤漂亮、具有彈性的內臟。

[綜合絞肉]

YouTube 觀看次數100萬次的超人氣食譜

燉煮漢堡排

透過反覆試做而完成的終極燉煮漢堡排。
訣竅滿載，帶你做出超越市售漢堡排的味道。

材料　2人份

綜合絞肉…300g

洋蔥…1/2個
　→切成碎末

A 蛋…1個
　　乾燥麵包粉…3大匙
　　肉豆蔻粉…1小匙
　　鹽…3g（相對於肉的重量的1%）
　　胡椒…少許

紅酒…100ml

B 多蜜醬汁罐頭…1罐（290g）
　　奶油…20g
　　鮮奶油…100ml
　　伍斯特醬、番茄醬
　　　…各1大匙
　　砂糖…2小匙

披薩用乳酪絲…適量
橄欖油…3大匙和2小匙
青花菜…適量
　→分成小株，水煮
鮮奶油…適量

POINT

- 洋蔥用平底鍋或微波爐加熱過後，味道會變得溫和圓潤，與絞肉混拌均勻。

- 肉餅如果過於濕潤，可添加少許麵包粉，相反地，如果肉餅太乾，可添加少量橄欖油。

- 塑成橢圓形時，一邊用手掌用力拍打一邊揉捏，以便排出肉餅內的空氣。

- 紅酒具有提取絞肉鮮味的作用，所以一定要在**B**的醬汁之前加入鍋中。

作法

將橄欖油2小匙倒入平底鍋中，以中火加熱，放入洋蔥拌炒至變成褐色之後放涼。將絞肉、**A**、洋蔥放入缽盆中，充分揉拌至產生黏性。變成深粉紅色之後，分成2等分，塑成橢圓形。

Point
要揉拌至產生黏性。這樣形狀才不會散掉，能夠鎖住肉汁。

將橄欖油3大匙、肉餅放入平底鍋之後，以中火加熱，兩面各煎2分鐘，直到煎至上色為止。

Point
因為稍後要燉煮，所以裡面不需要煎熟。

加入紅酒煮沸。加入**B**，蓋上鍋蓋，以小火燉煮10分鐘左右。將乳酪絲擺在漢堡排上，加入青花菜後蓋上鍋蓋，燉煮1分鐘左右，完成時淋上鮮奶油。

[綜合絞肉]

好吃到不做的話是人生的損失

青椒鑲肉

不用番茄醬，而是用美味醬汁製作的青椒鑲肉食譜。
保留青椒的籽瓤，肉餡就能牢牢黏附。

材料 3～4人份

綜合絞肉…250g

A 洋蔥…1/2個
　　→切成碎末
　　蛋…1個
　　麵粉…1大匙
　　鹽…略少於1/2小匙
　　胡椒…少許

青椒…4個

水…4大匙

B 酒…2大匙
　　醬油、味醂、蠔油
　　　…各1大匙
　　砂糖…2小匙

芝麻油…1大匙

炒白芝麻…適量

POINT

• 在開火加熱之前將肉餡朝下排列在鍋內，可以避免肉餡急速收縮。

作法

將絞肉、**A** 放入缽盆中，充分揉拌至產生黏性。

Point
絞肉放在冷藏室直到烹調前再取出，揉拌的時候就能緊密結合，鎖住肉汁。

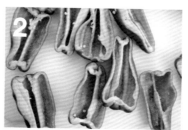

青椒縱切成一半，去除蒂頭和籽。保留白色的籽瓤。

Point
保留青椒的白色籽瓤，肉餡比較容易緊黏附著。

將肉餡填滿青椒，填到有點隆起的程度。

Point
將肉餡填滿到有點隆起的程度，可煎出香氣四溢的焦色，並使成品引人垂涎。

將芝麻油倒入平底鍋中，把 **3** 的肉餡朝下排列在鍋內，以中火加熱。煎至上色後翻面，加入水，蓋上鍋蓋。轉為小火，燜煎5～6分鐘。

加入混合好的 **B**，煮到酒精蒸發且醬汁收乾。盛盤之後淋上醬汁，撒上炒白芝麻。

Point
將醬汁充分收乾到變得黏稠且出現光澤。

[綜合絞肉]

在家就能完成

簡單正宗塔可飯

將塔可餅的食材擺在米飯上的沖繩料理。
重現絞肉和香料混合而成的正宗味道。

(材料) 2人份

綜合絞肉…300g

大蒜…1瓣
　→切成碎末

洋蔥…1個
　→切成碎末

鹽、胡椒…各適量

A│番茄醬…2大匙

　　伍斯特醬…1大匙

　　＊辣椒粉…1～2小匙

　　＊小茴香粉…1小匙

熱飯…飯碗2碗份

B│萵苣…2片

　　　→大略切碎

　　番茄…1個

　　　→切成小方塊

　　酪梨…1個

　　　→取出籽，切成小方塊

　　墨西哥玉米脆片…適量

　　披薩用乳酪絲…30g

萊姆（檸檬亦可）…1個
　→橫切成一半

橄欖油…1大匙

＊辣椒粉、小茴香粉可用1大匙咖哩粉取代

(作法)

1 將橄欖油倒入平底鍋中，以小火加熱，放入大蒜、洋蔥，炒至洋蔥變得透明。

2 將洋蔥撥到一邊，加入絞肉、鹽、胡椒，以中火加熱。炒至絞肉上色，**與洋蔥混合均勻之後，加入A混拌在一起（a）**。

3 將熱飯盛盤，依照順序擺上**2**、**B**，擠入萊姆汁。

POINT

讓洋蔥吸收絞肉的油脂
將香料充分炒香

炒絞肉時會釋出美味的油脂，所以要充分翻炒洋蔥使其吸收油脂。香料類確實拌炒就能炒出香氣，做出美味的料理。

[和牛絞肉]

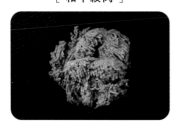

大排長龍的肉舖出品的

和牛爆彈炸肉餅

在此介紹肉舖的招牌商品「爆彈炸肉餅」。
這是一道大人小孩都喜歡的料理。

材料 2～3人份

和牛絞肉（綜合絞肉亦可）…300g

洋蔥…1個
　→將1/2個切成碎末，
　　其餘的切成粗末

A 鹽…3g（相對於肉的重量的1%）
　　肉豆蔻粉…少許
　　咖哩粉…1撮
　　胡椒…適量

乳酪片…5片
　→摺疊成3cm的四方形

B 麵粉…適量
　　蛋液…1個份
　　麵包粉…適量

橄欖油…1小匙

沙拉油…1ℓ

高麗菜…適量
　→切成細絲

POINT

- 將鹽加入肉中，揉捏至產生黏性為止，破壞蛋白質可使肉餡變得比較容易緊黏在一起，鎖住肉汁和鮮味。

- 一開始先以低溫油炸，利用餘熱加熱，可以讓裡面慢慢熟透。之後以高溫再炸第二次，就能炸得外皮酥脆、內部多汁。

作法

將橄欖油倒入平底鍋中加熱後，放入切成碎末的洋蔥，以小火炒成褐色。

Point
準備2種洋蔥，有為了炒出甜味和濃醇味道的碎末洋蔥，以及為了享受口感而切成粗末的洋蔥。

將絞肉、**A**放入缽盆中，充分揉拌至產生黏性為止。加入**1**的炒洋蔥和生洋蔥，繼續揉拌。

Point
訣竅在於迅速地揉拌成深粉紅色。

分成5等分，將其中1個肉餡擺在手掌心，中間放置乳酪之後塑成圓形。同樣的肉餡做5個。

Point
在不易受熱的中心放入乳酪，裡面就比較容易炸熟。

將肉餡依照材料欄的順序沾裹**B**。將沙拉油倒入鍋中加熱至150℃，放入已經裹上麵衣的肉餡，炸5分鐘左右。

Point
要花點時間才能炸熟，因此先以低溫慢慢油炸。即使沒有變成金黃色也無妨。

取出靜置5分鐘左右。將沙拉油加熱至170℃，放入**4**炸1分鐘左右。盛盤，添附高麗菜絲。

[豬絞肉]

料理新手也絕對不會失敗

煎餃

家裡經常製作的煎餃，很多人最後都會燒焦吧？
只要留意煎製的步驟就能做出絕對不會失敗的美味煎餃。

材料　25個份

豬絞肉…200g

鹽…少許

A ｜ 薑泥…1塊份

　　蒜泥…1瓣份

　　酒…1大匙

　　醬油、蠔油…各1小匙

　　胡椒…適量

B ｜ 長蔥…1/3根

　　　→切成碎末

　　高麗菜…150g

　　　→切成碎末

餃子皮…25片

滾水…淹至煎餃1/3高度的水量

沙拉油…2大匙

芝麻油…1大匙

醋、胡椒…各適量

POINT

• 煎餃採取先蒸後煎是正確的作法。可以
避免燒焦，做出酥脆多汁的成品。

作法

將絞肉、鹽放入缽盆中，揉拌至變白且產生黏性。

Point
加入鹽之後充分揉拌，可以做出多汁的肉餡。

加入A揉拌均勻，加入B之後輕輕將全體混合。

Point
蔬菜混拌過度的話會釋出水分，所以在肉餡和調味料混合之後才加入，輕輕混拌。

將餡料擺在餃子皮中央，捏出大約4個皺摺把餡料包起來。以相同步驟做出25個。將煎餃排列在平底鍋中，以中火加熱，待平底鍋變熱之後，倒入滾水，蓋上鍋蓋。

等發出啪滋啪滋的聲音，水分蒸發之後，加入沙拉油沾裹在全部的煎餃上。

Point
因為裡面的餡料已經蒸熟，所以加入沙拉油煎至上色。

煎餃上色後，在鍋邊繞圈淋入芝麻油。沾取醋、胡椒混合而成的佐料享用。

Point
最後在鍋邊繞圈淋入芝麻油，增添香氣。

[豬絞肉]

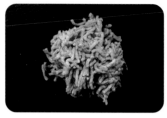

做出大眾中華料理店的滋味

麻婆豆腐

麻婆豆腐的作法看似困難，但其實只要抓住重點，在家就能輕鬆完成。
請盡情享用香氣四溢、味道濃醇的麻婆豆腐。

材料　2人份

豬絞肉…150g

A ｜ 豆瓣醬…3小匙
　　　甜麵醬…2小匙

B ｜ 大蒜…2瓣
　　　　→切成碎末
　　　生薑…1塊
　　　　→切成碎末

長蔥…10cm
　　→切成碎末

嫩豆腐…1塊（350g）
　　→切成3cm大小的方塊

C ｜ 中式湯底（膏狀）…1/2小匙
　　　水…180ml

D ｜ 鹽…1小匙
　　　砂糖…1/2小匙

片栗粉水溶液…3大匙（片栗粉1大匙＋水2大匙）

E ｜ 醬油…2小匙
　　　芝麻油…1小匙
　　　辣油…適量

沙拉油…2小匙

山椒粉…適宜

POINT

- 絞肉炒至上色之後，就會散發出香氣，產生鮮味。

- 大蒜、長蔥等香味蔬菜，切成碎末之後充分拌炒，讓絞肉吸收香味。

- 訣竅在於想要炒出香氣的調味料要在一開始就拌炒，不想讓香氣散失的調味料在最後才加入。

作法

1　將沙拉油倒入平底鍋中加熱，放入絞肉，以大火大略炒至上色。

Point
將絞肉大略炒一下，就可以做出肉質飽滿又多汁的成品。

2　加入 **A** 拌炒過後，放入 **B** 和半量的長蔥，炒到散發出香氣。

Point
將所有食材充分拌炒到香氣四溢，讓成品的美味再升級。

3　將水（分量外）倒入鍋中煮沸，放入豆腐，煮至豆腐在水中Q軟晃動。

Point
豆腐先煮過就不易破碎，也比較容易入味。

4　將瀝乾水分的 **3**、**C** 加入 **2** 之中，以大火加熱，沸騰之後加入 **D**、剩餘的長蔥。倒入片栗粉水溶液混合之後，加入 **E**。盛盤，依個人喜好撒上山椒粉。

［ 豬絞肉 ］

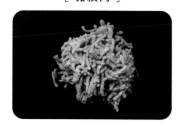

好吃到不做就會後悔的

高麗菜鑲肉

使用整顆高麗菜製作，分量十足的高麗菜鑲肉。
只需將絞肉填滿高麗菜之後燉煮即可，簡單又美味的單品料理。

材料 4人份

豬絞肉…400 〜 500g

高麗菜…1個

A 麵包粉（吐司亦可）…1/2 杯
　　蛋…1 個
　　鹽…1/2 小匙
　　肉豆蔻粉（無亦可）…少許

培根薄片…10 片（200g）

B 切塊番茄罐頭…1 罐（400㎖）
　　番茄醬…2 大匙
　　伍斯特醬…1 大匙
　　迷迭香…2 枝（月桂葉1片亦可）

橄欖油…3 大匙

粗磨黑胡椒…適量

帕馬森乳酪…適量

作法

1 將高麗菜的中心大範圍地挖空並去除菜心。挖出來的部分除了菜心之外，其餘切成碎末。

Point
因為要在高麗菜裡面填入絞肉，所以最好先將中心大範圍地挖除。

2 將絞肉、A放入缽盆中，充分揉拌至產生黏性。加入切成碎末的高麗菜混合。將肉餡填入挖空的高麗菜中。

Point
將肉餡緊密地填入高麗菜中。

3 將橄欖油倒入鍋中，讓培根的一端貼著鍋底，平均地掛在鍋緣。將**2**放入鍋中，用培根覆蓋起來。

Point
高麗菜容易釋出水分，所以將高麗菜朝下，肉餡朝上放入鍋中。

4 加入**B**，蓋上鍋蓋，以中火加熱。稍微沸騰之後轉為小火，燜煮40分鐘左右。

Point
中途確認鍋底，如果看似快要燒焦了，就追加水100㎖（分量外）。

5 將高麗菜翻面，蓋上鍋蓋，燉煮30分鐘左右，收乾水分直到煮汁變成自己喜歡的濃度。切成個人喜歡的大小，撒上粗磨黑胡椒和乳酪。

Point
重點是以小火加熱，保持沸騰冒泡的狀態。收乾水分直到變得黏稠，就能形成濃郁的醬汁。

[豬絞肉]

泰國人也讚不絕口

打拋豬肉飯

鹹甜絞肉和羅勒香氣令人胃口大開的泰國料理。
去除絞肉的腥味並引出鮮味是製作的重點。

材料 2人份

豬絞肉（雞絞肉亦可）…200g

大蒜…1瓣
　→切成碎末

豆瓣醬…1/2 小匙

洋蔥…1/2 個
　→切成粗末

生薑…1塊
　→切成碎末

A｜醬油…2 小匙
　｜蠔油…1/2 大匙
　｜砂糖、魚露…各1 小匙

甜椒…1/2 個
　→切成粗末

羅勒葉…12 片

蛋…2 個

熱飯…飯碗 2 碗份

芝麻油…1 大匙

沙拉油…2 小匙

作法

1 將芝麻油倒入平底鍋中，以小火加熱，放入大蒜、豆瓣醬，炒出香氣。加入洋蔥之後轉為中火，炒至洋蔥變軟。

2 加入絞肉、生薑拌炒，**待上色之後加入A，將所有食材混合（a）**。待調味料拌炒均勻之後，加入甜椒，炒至變軟，保留2片羅勒葉，其餘的加入鍋中稍微炒一下。

3 將1小匙沙拉油倒入另一個平底鍋中，以中火加熱，鍋底布滿油之後，將蛋打入鍋中。蛋白的部分凝固之後，將蛋黃煎至自己喜歡的熟度。煎2個蛋。

4 將熱飯、**2**盛盤，擺上煎蛋，添附剩餘的羅勒葉。

POINT

**在絞肉裡面加入生薑一起炒
可以消除絞肉的腥味**

在絞肉裡面加入生薑炒至上色，可以消除絞肉的腥味。

絕對不會失敗

CARBONARA

超濃厚卡波納拉義大利麵

在此介紹不使用鮮奶油製作，口感濃厚的
卡波納拉義大利麵食譜。請務必在家試做
這道正宗義大利羅馬風味的卡波納拉義大利麵。

材料　1人份

義式培根（一般培根亦可）…50g

A 乳酪粉…30g
　　蛋…1個
　　蛋黃…1個份
　　粗磨黑胡椒…適量

水…1ℓ

鹽…10g

義大利麵…100g

白酒…50㎖

煮麵水…適量

橄欖油…1大匙

B 乳酪粉…10g
　　粗磨黑胡椒…適量

作法

1 將A放入缽盆中混合均勻（a）。

2 將水倒入鍋中開火加熱，沸騰之後加入鹽溶化。放入義大利麵烹煮，煮麵時間比包裝袋上標示的時間再少1分鐘左右。

3 利用煮義大利麵的空檔，將橄欖油倒入平底鍋中加熱，放入切成小塊的義式培根以小火拌炒。稍微上色之後加入白酒，一邊刮取義式培根的褐渣一邊炒熟。

4 將**2**的煮麵水加入平底鍋中，待橄欖油乳化之後關火。

5 將義大利麵拌入**4**之中，迅速混合之後放入**1**之中，充分沾裹醬汁（b）。盛盤，撒上**B**。

POINT

醬汁要先在缽盆中
充分攪拌均勻備用

事先準備好醬汁，稍後就不會手忙腳亂。
要小心地攪拌乳酪粉，避免結塊。

醬汁不用開火烹煮
只需利用義大利麵的餘溫加熱

將義大利麵沾裹醬汁時，不用開火烹煮，
只需利用麵的餘溫加熱，醬汁就不會凝結
而會沾裹在義大利麵上。

PART 5

肉舖教大家做肉料理

單品料理 &
副菜篇

毫無疑問，單品料理適合佐酒或配飯吃。

除了直接享用的料理，本單元還會為大家介紹可以當作下酒菜或是露營時想嘗試的食譜。

副菜包含了沙拉和高湯浸煮時蔬等清爽的菜色。

請務必搭配肉料理試做看看。

[牛筋肉]

牛筋經過充分燉煮後變得軟嫩

燉牛筋

建議將牛筋事先處理之後保存備用。
也可以將美味的燉牛筋和關東煮加進咖哩中。

材料 4人份

牛筋肉（完成前置作業）
　…500g

白蘿蔔…10cm
　→切成厚1cm的扇形片

A｜醬油、酒
　　…各50㎖

三溫糖…2大匙

味噌…1大匙

長蔥（蔥白的部分）…適量
　→切成圓片

芥末醬…適量

作法

1　將足量的水（分量外）、白蘿蔔放入鍋中，以大火加熱，沸騰之後轉為小火，煮10分鐘左右，倒入網篩中瀝乾水分。

2　將牛筋、白蘿蔔、**A**一起放入鍋中，以大火加熱，沸騰之後轉為小火，煮20～30分鐘。盛盤，放上長蔥之後，添加芥末醬。

牛筋的前置作業

❶ 將牛筋、足量的水放入鍋中，以大火煮沸之後繼續加熱2～3分鐘。出現大量的浮沫之後倒入網篩中瀝乾水分，然後以流動的清水清洗牛筋（浮沫會黏在鍋子邊緣，所以要徹底清洗乾淨）。

❷ 將牛筋、1塊帶皮切成薄片的生薑、1根長蔥的蔥綠部分，以及剛好淹過食材的水放入鍋中，以大火加熱，再次煮至沸騰。

❸ 沸騰之後轉為小火，火力保持在水滾的狀態燉煮2小時左右。中途滾水變少時要補足水量，如果出現浮沫則要撈除乾淨。

＊放入附有蓋子的保鮮容器中可以冷藏保存2～3天。放入冷凍用保鮮袋中可以冷凍保存1個月。

[豬的白色內臟]

佐酒的最佳搭檔

肉舖的燉內臟

讓身心都暖和起來的燉煮料理。
完成前置作業之後保存備用，也可用於熱炒或醋拌內臟等料理。

材料 2人份

A｜豬的白色內臟
　（完成前置作業）
　　…200g

豬的白色內臟的煮汁
　…800㎖

高麗菜…2片
　→切成3～5cm的方形

白蘿蔔…3cm
　→切成扇形片

胡蘿蔔…1/3根
　→切成扇形片

B｜白味噌…2大匙
　酒、味醂…各1大匙

醬油…1大匙

長蔥（蔥白的部分）…適量
　→切成圓片

七味唐辛子…適量

作法

1　將**A**放入鍋中，以小火燉煮30分鐘左右。中途食材變軟之後，加入**B**。味噌的分量依個人喜好調整。

2　加入醬油，燉煮至自己喜歡的軟硬度。盛盤之後放上長蔥，撒上七味唐辛子。

白色內臟的前置作業

將豬內臟、足量的水放入鍋中，加熱至沸騰之後倒入網篩中瀝乾水分。再次將水800㎖、豬內臟放入鍋中，煮至沸騰。加入1塊切成薄片的生薑，以小火煮1小時左右之後取出生薑。中途如果滾水變少的話，要補足水量。

＊放入附有蓋子的保鮮容器中可以冷藏保存2～3天。放入冷凍用保鮮袋中可以冷凍保存1個月。

[豬肩胛薄肉片]

有史以來最美味的肉舖料理

豬肉時雨煮

請使用自己喜歡的豬肉部位製作。
一定會想要再三品嚐的簡單燉煮料理。

（**材料**） 4人份

豬肩胛薄肉片…500g

A | 生薑榨汁…1塊份
  | 醬油…90㎖
  | 中雙糖（粗粒砂糖）…4大匙
  | 料理酒…1大匙
  | 味醂…1/2大匙

B | 蛋…2個
  | 砂糖…1小匙
  | 鹽…少許

熱飯…飯碗4碗份

沙拉油…1小匙

紅薑絲、海苔絲…各適量

（**作法**）

1 將豬肉、**A**放入鍋中，以中火加熱，撥散豬肉並使其沾裹醬汁。在快要沸騰之前轉為小火，中途一邊攪拌一邊煮20分鐘左右。

2 在燉煮的空檔製作蛋絲。將**B**放入缽盆中混合攪拌。將沙拉油倒入平底鍋中，以中火加熱，倒入蛋液加熱1分鐘左右之後關火，靜置2～3分鐘。翻面並以中火加熱，熟透之後切成細絲。

3 將熱飯、**1**盛入碗中，擺上**2**、紅薑絲、海苔絲。

[雞肝]

出乎意料地沒有異味，能輕鬆享用

紅酒煮雞肝

充分去除雞肝腥味的步驟至關重要。
沒有特殊異味，怕吃肝臟的人也能開心享用。

材料 1人份

雞肝…200g

牛奶…200㎖

生薑…1塊

　→帶皮切成細絲

A 醬油…1又1/2大匙

　　蜂蜜…1大匙

　　紅酒…100㎖

奶油…10g

作法

1　以流動的清水洗淨雞肝的髒汙。**切除血管和脂肪（a）**，並切成容易入口的大小（如果連著又硬又韌的雞心，要將雞心從中縱向剖開但不切斷，切除裡面的血管）。

2　將適量的水（分量外）、雞肝放入缽盆中，浸泡15分鐘左右去除血水。水倒掉之後，**加入牛奶浸泡15分鐘左右（b）**，倒掉牛奶之後以廚房紙巾擦乾雞肝的水分。

3　將奶油、生薑放入鍋中，以中火加熱，放入雞肝，炒至稍微上色。

4　加入**A**，以大火加熱，一邊攪拌一邊收乾水分。煮汁變少之後轉為小火，繼續煮至水分收乾。

POINT

**切除血管之後
就不會有腥味**

去除造成雞肝發出腥味的黑色血管很重要。烹調之後就能做出沒有異味的美味料理。

使用牛奶再次去除腥味

將雞肝浸泡在牛奶中，牛奶會吸收雞肝的腥味。因為牛奶具有吸收腥臭味的特性，所以是去除雞肝腥味時不可或缺的步驟。

[雞腿肉]

絕對不容錯過的王道野炊料理

橄欖油大蒜雞肉蝦

露營時也常製作的西班牙橄欖油大蒜料理。
事先掌握烹調重點，即使改變食材也能做出美味料理。

（材料）2人份

雞腿肉…200g
　　→切成一口大小

蝦…10尾

片栗粉…適量

大蒜…2瓣
　　→切成碎末

鷹爪辣椒…1根
　　→去除蒂頭和籽

馬鈴薯…1個
　　→帶皮切成容易入口的大小

迷迭香…1枝

蘑菇…8個

青花菜…1/2個
　　→分成小株之後汆燙備用

鹽、胡椒…各適量

橄欖油…100㎖

法國麵包…適宜

（作法）

1 從蝦的腳側剝除殼，並用牙籤挑除腸泥。撒滿片栗粉搓揉使其吸附髒汙。用水清洗乾淨之後，**擦乾水分（a）**。

2 將橄欖油倒入單柄鑄鐵煎鍋（或是小型平底鍋）中加熱，**放入大蒜、鷹爪辣椒，以小火加熱至散發出香氣（b）**。

3 加入馬鈴薯、迷迭香、雞肉。待雞肉變色之後，放入蝦、蘑菇、青花菜，加熱至變熟。以鹽、胡椒調味。依個人喜好附上烤過的法國麵包享用。

POINT

**徹底擦乾食材的水分
可以防止熱油噴濺**

富含水分的食材要先用廚房紙巾徹底擦拭乾淨。如此可以防止加熱的時候熱油噴濺。

**火力保持小火
可以引出大蒜的香氣**

加熱時的火力要保持小火。充分引出大蒜的香氣，做出美味的料理。

肉舖的馬鈴薯沙拉

和風馬鈴薯沙拉

吃過就會上癮！

材料 2人份

馬鈴薯⋯2個

A 美乃滋⋯2大匙
　　砂糖⋯2小匙
　　醋⋯1小匙
　　鹽、胡椒⋯各適量

鮪魚罐頭⋯1罐（70g）

鴻喜菇⋯1袋
　　→切成碎末

B 酒⋯1大匙
　　醬油⋯1小匙

小黃瓜⋯1/4根
　　→切成圓片，用鹽搓揉

水菜⋯1把
　　→切成容易入口的長度

柴魚片⋯1撮

作法

1 在鍋中放入足量的水（分量外）煮沸，再放入馬鈴薯，煮至可以用竹籤插入的軟硬度。

2 趁熱剝除馬鈴薯的外皮，放入缽盆中搗碎。搗成自己喜歡的狀態之後，加入 **A** 混拌。

3 將鮪魚罐頭中的油倒入平底鍋中加熱，再加入鴻喜菇，依照材料欄的順序加入 **B**。拌炒至水分蒸發後放涼。

4 將鮪魚、**3**、小黃瓜、水菜加入 **2** 之中混拌。盛盤，然後撒上柴魚片。

口感滑順、風味高雅

通心麵沙拉

用來提味的優格是重點！

材料 4人份

通心麵…100g

小黃瓜…1/2根
　→切成圓片

胡蘿蔔…1/4根
　→切成扇形片

鹽…1撮

里肌火腿…4片
　→切成長方形片狀

A｜美乃滋…3大匙
　　牛奶、優格（加糖）
　　　…各1大匙
　　鹽、胡椒…各適量

橄欖油…適量

粗磨黑胡椒…適量

作法

1 依照包裝袋上標示的時間煮通心麵。倒入網篩中瀝乾水分之後，以流動的清水冷卻，然後瀝乾水分。放入缽盆中，繞圈淋上橄欖油，放涼。

2 小黃瓜、胡蘿蔔撒上鹽之後搓揉，擠乾水分。

3 將**2**、火腿、**A**加入**1**之中混拌。盛盤，撒上粗磨黑胡椒。

POINT

● 在煮好的通心麵上澆淋橄欖油，通心麵就不會變乾或黏在一起，醬料也比較容易入味。

● 容易出水的蔬菜預先撒上鹽，去除水分，可以避免調拌過後變得淡而無味。

● 建議使用加了砂糖的優格，可以補足甜度，同時增添濃郁感。

襯托出番薯的甜味

維也納香腸
番薯泥沙拉

建議使用口感綿密的番薯！

材料 2人份

番薯（以紅春香等口感綿密的品種為佳）…1條（250g）

A | 奶油乳酪、美乃滋…各2大匙
| 芥末籽醬…1大匙
| 葡萄乾、鹽、粗磨黑胡椒…各適量

維也納香腸（以帶有辣味者為佳）…4根
　→切成圓片

沙拉油…1小匙

作法

1 番薯洗淨之後，保持濕淋淋的狀態用廚房紙巾包起來。以微波爐的解凍模式加熱15～20分鐘，直到變軟為止。

2 趁熱剝除番薯的外皮，將番薯放入缽盆中搗碎。搗成自己喜歡的狀態之後，加入**A**混拌。

3 將沙拉油倒入平底鍋中加熱，放入維也納香腸，以中火炒至上色。加入**2**之中混拌，放涼。

以胡蘿蔔絲製作的

胡蘿蔔沙拉

乳酪和葡萄乾增添美好的風味！

材料 2人份

胡蘿蔔…1根
　→用乳酪刨絲器或
　一般刨絲器刨成細絲

A | 白酒醋、
| 　特級冷壓初榨橄欖油
| 　…各1大匙
| 蜂蜜…1小匙

B | 小茴香籽…少許
| 葡萄乾…1大匙
| 奶油乳酪…適量
| 粗磨黑胡椒…少許

作法

1 用廚房紙巾徹底擦乾胡蘿蔔絲的水分。

2 將**A**放入缽盆中攪拌，再加入胡蘿蔔絲、**B**一起調拌。

POINT

- 使用乳酪刨絲器可破壞胡蘿蔔的纖維，使胡蘿蔔充分入味且口感變得鬆軟。

- 由於胡蘿蔔會釋出水分，為了避免味道變得平淡，徹底擦乾水分很重要。

以新鮮水果製作的

蔬果切塊沙拉

搭配濃厚的肉料理，讓口感變清爽！

（**材料**） 2人份

綜合萵苣…1袋（50g）

　→切成一口大小

綜合水果…1袋（90g）

　→切成一口大小

A | 喜歡的水果的榨汁、橄欖油

　　 …各1大匙

　　 醋…2小匙

腰果…適量

　→切碎

鹽、粗磨黑胡椒…各適量

（**作法**）

1　將**A**放入缽盆中充分攪拌均勻。

2　將綜合萵苣、綜合水果盛盤，撒上腰果。淋上**1**之後，撒上鹽、粗磨黑胡椒。

芝麻飄香

涼拌小黃瓜

只需以醬汁調拌小黃瓜即可！

（**材料**） 2人份

小黃瓜…3根

鹽…適量

A | 芝麻油…2大匙

　　 醬油…1大匙

　　 蒜泥…1/4小匙

炒白芝麻…適量

辣椒絲…適宜

（**作法**）

1　以擀麵棍敲碎小黃瓜之後，切成8等分。撒上鹽，靜置10分鐘左右，然後用廚房紙巾擦乾水分。

2　將**A**放入缽盆中充分混合之後，加入小黃瓜調拌。盛盤，撒上炒白芝麻，依個人喜好擺放辣椒絲。

雖是常備菜，卻因太美味而無法常備

高湯浸煮茄子

吸飽了高湯的茄子堪稱絕品！

（材料） 2人份

茄子…4～5條
　　→縱切成一半，
　　　以隱刀法劃出刀痕

A 水（日式高湯亦可）…400㎖
　醬油…75㎖
　味醂…3大匙

生薑…1塊

芝麻油…1大匙

B 柴魚片…1撮
　茗荷…2根
　　→切成圓片
　青紫蘇葉…3片
　　→切成細絲

（作法）

1 將芝麻油倒入平底鍋中，放入茄子之後以大火加熱，將全體煎上色。

2 將A放入鍋中，以大火加熱，然後加入1。在快要沸騰的時候轉為小火，燉煮10分鐘左右。即將到達10分鐘時，將生薑磨成泥加入。放涼之後放入冷藏室中冷卻。盛盤，然後擺放B。

肉舖教大家做肉料理（肉屋が教える肉料理）

YouTube 頻道訂閱人數 15.4 萬人，總觀看次數超過 1327 萬次（截至 2024 年 2 月為止）的人氣 YouTuber。這是創業已有 80 年歷史的肉舖第 4 代經營者所推出的第一本書。以配合料理充分發揮肉類各部位優點的食譜，以及時尚且具臨場感的影像搭配聲音拍成的影片，獲得廣大族群的喜愛。

日文版 STAFF

設計	高橋朱里（○△）
攝影	豊田朋子
烹調助理	馬場晃一
造型	本郷由紀子
編輯	丸山みき、岩間杏（SORA 企画）
編輯助理	秋武絵美子
企劃・編輯	石塚陽樹（マイナビ出版）
校對	鷗来堂

國家圖書館出版品預行編目資料

極品肉料理廚房：部位用途×備料處理×烹調技法，在家做出專業級美味 / 肉舖教大家做肉料理著；安珀譯. -- 初版. -- 臺北市：臺灣東販股份有限公司，2024.04

128 面；18.2×25.7 公分

ISBN 978-626-379-291-3（平裝）

1.CST: 肉類食譜 2.CST: 烹飪

427.2   113002189

極品肉料理廚房
部位用途×備料處理×烹調技法
在家做出專業級美味

2024 年 4 月 1 日初版第一刷發行

作　者	肉舖教大家做肉料理
譯　者	安珀
主　編	陳正芳
特約編輯	劉泓葳
美術設計	黃瀞瑢
發 行 人	若森稔雄
發 行 所	台灣東販股份有限公司
	＜地址＞台北市南京東路 4 段 130 號 2F-1
	＜電話＞（02）2577-8878
	＜傳真＞（02）2577-8896
	＜網址＞https://www.tohan.com.tw
郵撥帳號	1405049-4
法律顧問	蕭雄淋律師
總 經 銷	聯合發行股份有限公司
	＜電話＞（02）2917-8022

TOHAN